新3版

店頭ミス防止のための

JA貯金法務Q&A

髙橋恒夫――著

経済法令研究会

はじめに

ＪＡにおいては、貯金取引等に携わる職員の皆さんが、担当職務に関する実務知識やその背景にある法務知識などを習得し、最新の法令や判例等に従った正確な実務処理はもちろんのこと、顧客サービスのいっそうの向上に努めなければなりません。

貯金取引等の金融実務は、民法や手形・小切手法などの各種法令のほか、普通貯金規定などの各種約款や、手形交換制度・成年後見制度などの各種制度に従って行われています。

さらに、民法の大幅な改正が行われ（相続法関係は2019年１月から順次施行、債権法関係は2020年４月に施行）、あるいは貯金取引等に関する新たな判例が現れるなど、貯金実務においては、取扱いの変更が求められる事項も生じています。

また、取引先の高齢化等に伴って、貯金取引等に際しての実務的あるいは法的な問題も数多く発生するようになっており、相続が発生した場合の相続貯金の承継等に関する様々な問題も増加しています。また、行政からは、身体障がい者が健常者同様のサービスが受けられるようにすることなど、利用者保護の視点に立った対応の徹底や、一方ではマネーローンダリング・テロ資金供与対策の厳格化なども求められています。

本書「新３版」では、前版に引き続き、このような多岐にわたる貯金取引の実務において、対応に苦慮する悩ましい事案を中心に取り上げ、上記の各種法令や新判例等のほか、相続法や債権法の改正に伴う対応等にも触れるとともに、具体的な「質問」に対するコンパクトな「回答」と「解説」に分けて、適切な実務対応がやさしく理解できるように記述しました。

本書が、日常業務の参考として、１人でも多くの方のお役に立てることができれば幸いです。

2019年４月

髙橋恒夫

CONTENTS

第１章　貯金取引の開始

第2章　貯金の払戻、解約

第4章　振込、口座振替

第5章　貯金取引と情報管理

第6章　当座勘定取引と手形・小切手

第1章

貯金取引の開始

Q1 【口座開設・貯金の成立】

●自然人（個人）との貯金取引

自然人（個人）と貯金取引をする場合、どのような点に注意すべきでしょうか。

A1

本人が成年の場合、意思能力の有無を確認し、貯金契約の内容について、本人に理解されるために必要な方法および程度による説明を行い、契約を締結します。意思能力が著しく不十分な場合には、原則として貯金取引はできません。

解説

1 成年者との貯金取引

貯金取引の相手方が成年の場合は、単独で法律行為を行う資格（行為能力。(注1) 民法４条）があるため、貯金取引の内容について、本人に理解されるために必要な方法および程度による説明を行い、その意思確認を行って貯金契約を締結します。

（注１）行為能力
民法は、自然人が単独で法律行為をする能力を行為能力として定め、成年に達した段階で備わるものとしている（同法４条）。なお、この行為能力は、年齢によって一律に備わるものとなるため、「能力」ではなく、単独で法律行為をする「資格」と解される。

2 意思能力(注2)の有無の確認等

貯金申込人の意思能力は、貯金取引の目的等の質疑応答等の中で確認し、貯金契約等の締結については、本人自身に面前で自署・捺印してもらいます。

意思能力を欠く者による意思表示は無効とされ（大判明治38・5・11民録11輯706頁）、民法に明文の規定はありません(注3)が、当然の前提と解されています。成年であっても、先天的な精神的障害や認知症などの後天的障害等により事理弁識能力を欠いていないか、意思能力に問題はないかに留意しなければなりません。意思能力が著しく不十分である場合には、本人との貯金取引は原則として行うことはできません。ただし、本人が成年後見制度を利用するのであれば、成年後見人等と有効に取引することは可能です（Q 83 参照）。

3 未成年者との貯金取引

未成年者との貯金取引は、親権者等の保護者の同意を得て未成年者と取引するか、あるいは親権者等を法定代理人として取引することになります（Q 12 参照）。

（注２）意思能力

意思能力とは、例えば、貯金契約や借入契約、売買契約等を有効に締結するために最低限必要とされる能力であり、「有効に意思表示をする能力」をいう。

（注３）意思能力に関する規定の新設（改正債権法）

2020 年４月に施行予定の改正民法（債権法）は、意思能力に関する規定を新設しました。同法３条の２は、「法律行為の当事者が意思表示をした時に意思能力を有しなかったときは、その法律行為は、無効とする。」と定めています。

2 【口座開設・貯金の成立】

●窓口入金による貯金の成立と改正債権法の取扱い

窓口に来店したAが、総合口座開設申込書に所定の事項を記入して押印し、窓口係員に引き渡すため、申込書とともに現金をカウンター上に置いたところ、何者かによって現金を強奪されてしまいました。この場合、Aの貯金口座は開設されたことになるのでしょうか。

2

窓口での現金入金の場合について判例・通説は、現金がカウンター上に置かれただけではいまだ貯金契約は成立せず、「窓口係員が現金の計算確認を完了した時」に、はじめて現金が金融機関に引き渡されたことになり、この時点で総合口座貯金契約が成立するものとしています。

したがって、Aの貯金口座は開設されたとはいえませんが、金融機関に現金の保管責任を問われるおそれがあります。

改正債権法においては、預貯金契約は金融機関が書面（入金伝票）を受理した時点で成立します。現金の不足を理由に当該契約を解除することはできませんが、不足分を相当の期間内に引き渡すよう催告し、引渡があれば口座の開設に応じる義務が生じます。

解説

1 貯金契約の法的性質と改正債権法施行前後の取扱い

（1）改正債権法施行前

貯金契約は、消費寄託契約と解されており、民法666条が適用されます。同条1項は、「消費寄託契約は消費貸借契約（同法587条）が準用される」と規定しています。

その民法587条は、「消費貸借は、当事者の一方（金融機関）が種類、品質及び数量の同じ物をもって返還することを約（貯金契約を締結）して相手方（申込人）から金銭その他の物を受け取ることによって、その効力を生ずる」と規定しています。

このように、貯金契約の法的性質は消費寄託契約であり、金融機関と申込人との間で貯金をする旨の合意とその目的物（金銭）の交付によって成立する要物契約ですから、貯金の目的物（現金）が金融機関に引き渡された時に、貯金契約が成立します。

貯金契約が成立すると、申込人は貯金債権（権利）を取得し、金融機関は、貯金債務（義務）を負担します。また、貯金債権は、債権者が特定している指名債権であり、債務者である金融機関は、特定の債権者である貯金者に弁済してはじめて免責されます。

（2）改正債権法施行以後

改正民法は、寄託一般について、書面の有無を問わず、当事者の意思表示の合致のみによって成立する諾成契約としており（改正民法657条）、貯金取引等の消費寄託についても同条が適用されます。

例えば、改正民法施行日（2020年4月1日）以降に窓口で総合口座の新規開設の申込がされ、入金伝票には氏名と金額が記載されていた場合、窓口担当者がこの申込を承諾した時点（現金が金融機関に引き渡される前）で書面（入金伝票）による総合口座契約が成立します。

2　窓口入金による貯金の成立と改正債権法施行前後の取扱い

（1）改正債権法施行前

窓口での現金入金による貯金の成立について判例・通説は、現金がカウンター上に置かれただけではいまだ貯金契約は成立せず、「窓口係員その他貯金の受入権限を有する職員が現金の計算確認を完了した時」にはじめて現金が金融機関に引き渡されたことになり、この時点で総合口座預金契約が成立するものとしています（最判昭和58・1・25金融法務事情1034号41頁）。

それでは、来店者がカウンター上に現金を置いて、窓口係員に「これを入金してください」等と貯金入金の意思を表示し、窓口係員も「かしこまりました」等と応答したものの、その直後に何者かによって強奪された場合はどうなるのでしょうか。このような事案について、判例（大判大正12・11・20法律新聞2226号4頁）は、預金契約はいまだ成立したとはいえないとし、金融機関の保管責任についても否定しています。

ただし、当該事案の控訴審では、金融機関に保管責任を認め、それを怠ったことに対し損害賠償を命じています。

実務の指針としては控訴審判断が妥当であり、応答した以上、以後金融機関に保管責任があるものと考えて安全保管に努めるべきです。

なお、ＡＴＭの場合は、顧客が現金をＡＴＭに挿入し、ＡＴＭが現金を計算し終わって金額が表示された時点で、顧客から金融機関に金銭の引渡があったものとして、その時に預金契約が成立すると解されます。

（2）改正債権法施行以後

例えば、改正民法施行日以後に窓口で総合口座の新規開設の申込がされ、入金伝票には氏名と金額10万円が記載され、窓口担当者がこの申込を承諾したものの、受け取った現金が9万円であった場合、すでに成立した書面（入金伝票）による総合口座契約の効力（上記❶（2）参照）はどうなるのでしょうか。

この場合、金融機関は、現金の不足を理由に10万円の総合口座契約を解除することはできないので（改正民法657条の2第2項但し書き）、不足分を相当の期間内に引き渡すよう催告し、引渡があれば金融機関は口座の開設に応じる義務が生じます。その期間内に引渡がなければ総合口座契約を解除することができますが（同条3項）、改めて9万円での新規口座開設に応じることはできます。

3

【口座開設・貯金の成立】

●外訪先での貯金の受入れ（預かった金銭の紛失）と改正債権法の取扱い

渉外係員Ａが、顧客Ｂから定期貯金預入のため金銭を預かったものの、帰店途中で紛失してしまいました。Ｂの貯金は成立しますか。また、金融機関の責任はどうなりますか。

A
3

原則として、渉外係員Ａが顧客Ｂから集金した時に定期貯金が成立するものと解され、成立しないとされる場合であっても、金融機関は、使用者責任として定期貯金元利金相当額の払戻責任を負うものと考えられます。

改正債権法においては、渉外係員Ａが顧客Ｂから入金伝票を受理した時点で定期貯金契約が成立し、現金も受領しているので、定期貯金元利金の払戻義務を負うことになります。

解説

1 改正債権法施行前の取扱い

（１）渉外担当者集金時の預金成立を否定する裁判例

ＪＡの渉外担当者が、貯金として預かる趣旨で顧客から現金を受け取ったものの、当該金銭を横領した場合につき、所定の貯金受入手続が完了しない間は単純な金銭所有権の移転が生じたにとどまり、貯金契約が成立したことにはなりません。ただし、銀行職員の横領によって生じた預金者の損害については、銀行は使用者責任（民法715条）を負い、顧客には定期預金元利金相当額を支払う責任があるとする裁判例があります（東京地判昭和34・4・20金融法務事情208号２頁、大阪高判昭和37・12・18金融法務事情338号４頁）。

（2）渉外担当者集金時の預金成立を肯定する裁判例

しかし、その後の下級審判例においては、渉外担当者が預金の目的で顧客から金銭を預かった場合、当該渉外担当者は預金の勧誘および受入をする職務権限を有していたなどとして、その時点で預金契約が成立するものと解しています（東京地判昭和45・5・30金融・商事判例233号15頁、東京地判昭和46・6・19金融・商事判例280号12頁、東京高判昭和46・12・7金融・商事判例306号14頁）。

また、上記東京高裁昭和46年12月7日判決によれば、渉外担当者が顧客から集金した時に定期預金が成立していることとなるため、渉外担当者が当該金銭を横領したり帰店途中で紛失したとしても、ＪＡは、その満期日に定期貯金元利金相当額を支払う義務があります。

（3）職務権限を有する職員が金員を受領した時に預金が成立

導入預金に係る貯金の成立時期が争われた判例（最判昭和58・1・25金融法務事情1034号41頁）があります。事案の概要は、Ｙ銀行の支店長Ａが金融ブローカーＢに導入貯金の斡旋を依頼し、Ｂの斡旋を受けたＸは、Ｙ銀行の応接室でＡに定期預金として1億5,000万円を預入したが、そのうち1億3,500万円をＡが横領してＹ銀行には入金しなかった。そこで、Ｙ銀行は、店頭入金における預金契約の成立時期は、出納係が交付を受けた現金を計算確認した時と解すべきであるなどと主張し、当該横領分についての預金契約の成立を否定してＸの払戻請求に応じなかった、というものです。

本件事案について同判例は、「預金の受入れについての権限を有する職員が、定期預金とする趣旨で顧客から金員を受領した場合には、これにより右貯金契約が成立し、爾後の金員収納に関する処理は、右の結果に影響を及ぼさないものと解するのが相当である」と判示し、職務権限を有する職員が金員を受領した時に預金が成立するとしています。

なお、渉外担当者が、訪問先で貯金として現金を受領し、その場で貯金通帳に入金記帳をしたり、定期貯金証書を作成・交付している場合は、当該渉外担当者には貯金契約締結権限が認められるものと考えられます。

2 改正債権法施行以後の取扱い

改正債権法においては、渉外係員Ａが顧客Ｂから入金伝票を受理した時点で定期貯金契約が成立します。また、現金も受領しているので、定期貯金元利金の払戻義務を負うことになります（Ｑ２参照)。

4

【口座開設・貯金の成立】

●他店券・当店券の入金や振込入金と改正債権法の取扱い

普通貯金や当座貯金に他店券や当店券の入金依頼を受けた場合、どの時点で貯金が成立するのでしょうか。また、普通貯金等に振込があった場合、どの時点で貯金が成立するのでしょうか。

A
4

他店券入金の場合は、他店券の取立が完了した時に成立し、当店券の場合は、当店券による当座勘定からの引落が完了した時に成立します。また、振込による場合は、被仕向銀行の受入口座の勘定元帳へ入金記帳した時に成立します。

改正民法施行以後も、貯金約款等が適用されるので、実務上の取扱いに変更はないものと考えられます。

解説

1 改正債権法施行前の取扱い

（1）他店券（小切手等）入金の場合

他店券（小切手等）入金による貯金の成立時期については、取立委任説と譲渡説がありますが、判例・通説は取立委任説であり、普通貯金規定や当座勘定規定、代金取立規定などは、この説に従った規定となっています。

なお、取立委任説の考え方は、他店券の取立が完了した時に普通貯金や当座貯金が成立する（不渡になれば契約の効力が発生しない）というものであり（普通貯金規定ひな型４条、当座勘定規定ひな型２条）、取立済となることを条件とする停止条件（注１）付貯金契約と取立委任契約との結合した契約です。

これに対し、譲渡説の考え方は、他店券の入金と同時に貯金契約が成立し、不渡になれば貯金を取り消すというものであり、他店券の不渡を条件とする解除条件(注２)付貯金契約とするものです。

（注１）停止条件……ある条件が成立した場合に契約の効力が発生するもの
（注２）解除条件……介助ある条件が成立した場合に契約の効力が消滅するもの

（2）当店券（小切手等）入金の場合

当店券（小切手等）入金による貯金の成立時期については、当店券の振出人の当座勘定から当該小切手金額等の引落が完了した時に、普通貯金や当座貯金へ入金すべき現金の引渡しがあったことになり、普通貯金等が成立します。

（3）振込の場合

振込による貯金の成立時期については、被仕向金融機関の受入口座（普通貯金や当座貯金）の勘定元帳へ入金記帳された時に普通貯金等が成立するものと解されます。

なお、当該振込が、仕向銀行の重複発信等の誤発信によるものであった場合や、被仕向銀行の誤入金（口座相違等）によるものであった場合は、誤振込先の預金は成立しません（名古屋高判昭和51・１・28金融・商事判例503号32頁）。しかし、振込依頼人の過誤によるものであった場合は、誤振込先の口座に入金記帳された時に、誤振込先の預金が成立します（最判平成８・４・26金融・商事判例995号３頁）（Q 22・Q 96・Q 99・Q100参照）。

2 改正債権法施行以後の取扱い

（1）他店券入金の場合

貯金約款上は、通常、「証券類は、受入店で取立て、不渡返還時限の経過後その決済を確認したうえでなければ、受入れた証券類の金額にかかる貯金の払戻しはできません」と規定しています。改正民法施行以後においても、この貯金約款によって貯金の成立が判断されるため、要物性の有無にかかわらず、従来どおり、決済確認前は貯金契約は成立しないと解され、実務上の取扱いに変更はないものと考えられます。

（2）振込の場合

振込入金の場合、上記❶（3）で解説したように、振込先の口座に入金記帳された時に、必ずしも要物性を満たさない前提で貯金契約が成立する（入金記帳と同時に仕向銀行の資金が被仕向銀行に移動するわけではない）とされており、改正民法施行により諾成契約化したとしても、実務上の取扱いに影響はないものと考えられます。

5

【口座開設・貯金の成立】

●定期積金の新規契約

毎月、随意の日を掛金の払込日とする定期積金契約の申出を受けましたが、可能でしょうか。また、払込日を一定の日としたにもかかわらず、実際の払込が払込日より遅れた場合、どのように対応すればよいでしょうか。

A
5

掛金の払込日は毎月一定日（原則として第１回払込日の月ごとの応当日）でなければなりません。掛金の払込が払込日後となった場合は、遅延日数に応じて満期日を繰り延べ、または満期日に遅延利息を徴求します。払込日前の払込が一定日数以上ある場合は、先払割引金を支払います。

解説

1　定期積金の仕組みと法的性質

定期積金契約は、積金者が定期積金契約の条件として約定した一定金額の金銭（掛金）を一定期間、定期的に払い込むことによって、満期日に金融機関から一定額の契約金（給付契約金）の給付を受けるという契約です。例えば、契約期間を２年、満期返戻金100万円の定期積金契約を結んで、毎月所定の日に所定の金額を払い込むと、金融機関は満期日に掛金額の合計額に利息に相当する金額（給付補てん金）を加算して、契約額の100万円を支払うというものです。その法的性質は、金融機関と積金者との合意のみによって成立する諾成契約であると解されています。

2　定期積金の条件等

（1）４条件を確定することにより成立

定期積金契約は、毎回の一定の掛金額、払込回数、払込日および年利回りの４要素を基礎に組成するものであり、これらの条件を確定することにより給付契約金が定まり契約が成立します。例えば、毎月１回一定日に払い込む月掛方式の場合、給付補てん金は、掛金の払込が毎月一定の日に行われるものとして、あらかじめ確定した各掛金の満期日までの滞留月数の総和、すなわち月積数に、１回の掛金額と年利回りを乗じて算出します。

（2）払込日は毎月一定日

掛金が所定の月積数を確保するためには、払込日は毎月一定日（原則として第１回払込日の月ごとの応当日）であることが不可欠であり、不定期とする契約は締結できません。

（3）掛金の払込が遅延した場合

掛金が払込日に遅れて払い込まれた場合には、掛金の満期日までの滞留期間は所要の月積数に達しません。そこで、月積数の不足を補うために、不足する日数分だけ満期日を繰り延べるか、または損失を補てん（過払金を回収）するため、遅延日数に対し約定利率による遅延利息を徴求して満期日に支払うなどの方法をとります。

（4）掛金を払込日前に払い込んだ場合

掛金を払込日前に払い込んだ場合には、逆に給付補てん金の基礎となる掛金の月積数が所定の月数を超過し、契約金額が約定利回りを下回ることになります。そこで、一定回数以上の先払あるいは先払日数合計が一定日数以上に達している場合には、その日数に応じた先払割引金を満期日に給付契約金に上乗せして支払う扱いをします。なお、満期日を繰り上げる扱いはしないことになっています。

【口座開設・貯金の成立】

●法人との貯金取引

法人との貯金取引の相手方は誰ですか。また、法人にはどのようなものがありますか。

法人は公法人と私法人（公益法人、営利法人、その他の法人）に大別され、営利法人の代表的なものとして株式会社があります。法人との貯金取引の相手方は、法人の代表機関である理事や代表理事、取締役や代表取締役です。

解説

1　法人の種類

法人の種類としては、その事業目的が営利目的か非営利目的かによって、営利法人と非営利法人に大別されます。

営利法人		営利を目的とする社団をいい、会社法に基づくものとして、株式会社、合名会社、合資会社、合同会社があり、「投資信託及び投資法人に関する法律」に基づく投資法人などがある。
非営利法人		営利を目的としない法人。
	一般社団法人 一般財団法人	「一般社団法人及び一般財団法人に関する法律」に基づく一般社団法人または一般財団法人がある。
	公益法人	「公益社団法人及び公益財団法人の認定等に関する法律」の規定により公益認定を受けた公益社団法人、公益財団法人がある。また、学校法人・医療法人など公益目的であるが特別法（私立学校法、医療法など）により設立・規律されるものがある。
	特別法による 中間的な法人	営利目的でも公益目的でもない団体で、所属構成員の共通の利益を目的とする団体は、社会的存在の重要性が考慮されて特別法（農業協同組合法など）により法人となるものがある。
公法人		国や、都道府県・市町村などの地方公共団体が典型例である。

2 法人と代表機関の関係と貯金取引の相手方

法人の法律行為等は、理事とか取締役などの法人の代表機関によって行われ、当該行為は、法人が行った行為として法的効果が発生します。したがって、法人との貯金取引の相手方は、当該法人の代表機関となります。

例えば、「一般社団法人及び一般財団法人に関する法律」(以下「一般法人法」という)に基づく一般社団法人の代表機関は、特に代表理事が定められていなければ、理事各自となりますから(一般法人法77条)、取引の相手方は理事です。

ただし、理事会を設置している一般社団法人は、理事の中から代表理事を選定しなければならず(一般法人法90条3項)、代表理事は2人以上いても差支えありません。この場合は、代表理事各自が単独で一般社団法人を代表するので(同法77条4項・5項)、各代表理事が取引の相手方となります。

また、宗教法人の場合は代表役員(宗教法人法18条)、医療法人の場合は代表理事(医療法46条の4)、社会福祉法人の場合は理事(社会福祉法38条)が取引の相手方となります。

株式会社の代表機関は、特に代表取締役が定められていなければ、取締役各自ですから(会社法349条1項・2項)、取引の相手方はこの取締役となります。

ただし、取締役会を設置している株式会社(指名委員会等設置会社を除く)は、取締役の中から代表取締役を選定しなければなりません(会社法362条3項)。この場合の取引の相手方は、代表取締役となります。

なお、指名委員会等設置会社の場合は、取締役会により執行役の中から選定された代表執行役が、その株式会社の代表権を有します(会社法420条)。また、代表取締役は2人以上いても差支えなく、代表取締役各自が単独で会社を代表します(会社法349条4項・5項)。したがって、これらの場合の取引の相手方は、代表執行役または代表取締役となります。

また、合名会社・合資会社・合同会社の場合は、業務執行社員または代表社員(会社法599条)が取引の相手方となります。

7

【口座開設・貯金の成立】

●株式会社との貯金取引

株式会社と貯金取引する場合、どのような点に注意すべきでしょうか。

7

株式会社と貯金取引する場合は、その代表機関を登記事項証明書で確認し、定款等により代表権に制限がないかどうかを確認して取引します。

解説

1 会社法施行以後の株式会社

2006年５月施行の会社法では、機関設計について会社の定款による選択（定款自治）の範囲を広げ、株主総会と取締役（１人でも可）とは必須の機関ですが、取締役会、会計参与、監査役、監査役会、会計監査人、監査等委員会、指名委員会等については、一定の制約はあるものの自由に選択できます（ただし、公開会社や大会社などには必要とされる機関構成についての規制があります）。

（1）取締役会非設置会社

取締役会を設置しない株式会社では、取締役は１人以上でよく、別に代表取締役を定めると当該代表取締役のみが会社代表権を有し、定めなければ各取締役が代表権を有します（会社法349条）。

（2）取締役会設置会社

取締役会を設置する株式会社では、取締役は３人以上でなければならず、代表取締役の設置が義務付けられており、代表取締役のみが会社を代表します（指名委員会等設置会社では、取締役会の決議により選任された執行役の中から代表執行役（執行役が１人の場合は、その者）が選定され会社を代表する）（会社法362条・402条・420条）。したがって、取引の相手方は、代表取締役または代表執行役となります。

（3）登記事項証明書および定款による代表者等の確認

取締役や代表取締役、取締役会設置の有無は登記事項ですので（会社法911条3項13号・14号・15号）、登記事項証明書を徴求して代表取締役や取締役会設置の有無等を確認し、代表取締役が設置されている場合は当該代表取締役、設置されていない場合は取締役が取引の相手方となります。

また、社長、専務、常務という肩書きは会社内部の職制上の呼称であり、会社法によるものではありません。例えば、社長の大半は会社法上の代表権を有する代表取締役ですが、専務や常務は代表権を有しない場合が多いので、登記事項証明書による確認が必要です。

なお、代表取締役は、株式会社の業務に関する一切の裁判上または裁判外の行為をする権限があり、当該権限に加えた制限は、善意の第三者には対抗できません（会社法349条4項・5項）。ただし、金融機関の場合は、登記事項証明書による確認のほか、定款で代表権に制限が加えられていないか確認すべきでしょう。

2 会社法施行前に存在していた株式会社

会社法施行前に存在していた株式会社は、取締役会、監査役（ただし、委員会等設置会社には、そもそも監査役はいなかったので監査役については該当しません）を設置することが定款で定められているものとみなされ（会社法の施行に伴う関係法律の整備等に関する法律76条。以下「整備法」という）、また、その旨の商業登記もされているものとみなされます（整備法113条）。

なお、登記については、登記官の職権により行われたので（整備法136条12項）、定款を変更して新たな機関設計に変更しなければ、従来の取締役会設置株式会社であれば、取引の相手方は代表取締役となります。

【口座開設・貯金の成立】

●特例有限会社との貯金取引

特例有限会社と貯金取引する場合、どのような点に注意すべきでしょうか。

特例有限会社と貯金取引する場合は、その代表機関を登記事項証明書で確認し、定款等により代表権に制限がないかどうかを確認して取引します。

解説

1 特例有限会社とは

2006年5月の会社法施行に伴い有限会社法は廃止され、新たに有限会社を設立することはできません。しかし、すでに存在していた有限会社は、例えば「有限会社○○商店」というように商号中に「有限会社」という文字を用いたとしても、株式会社の一形態として存続できることになりました。

このような株式会社は「特例有限会社」と呼ばれ、従前の有限会社と同様の規律が行われるよう、「会社法の施行に伴う関係法律の整備等に関する法律」(以下「整備法」という) で措置されています。

① 定款の定めによって設置できる機関は監査役のみであり、取締役会のほか、会計参与、監査役会、会計監査人または委員会は設置できません(同法17条1項)。会社法上の大会社(会社法2条6号)に該当する場合でも、会計監査人の設置義務がありません(整備法17条2項)。

② 取締役および監査役には任期がありません(同法18条)。

③ 決算公告に関する規定は適用されないため(同法28条)、決算公告義務がありません。

④ 株主総会の特別決議の要件は、「総株主の半数以上(これを上回る割合を定款で定めた場合にあっては、その割合以上)であって、当該株主

の議決権の４分の３以上の賛成」が必要です（同法14条３項）。

2 会社法施行前の有限会社と貯金取引の相手方

（1）特例有限会社として存続した場合

特例有限会社に代表取締役が設置されている場合は、その代表取締役のみが取引の相手方となります。代表取締役が設置されていない場合は、取締役が取引の相手方となり、複数の取締役が設置されている場合は、各取締役が単独で代表権を有するので、いずれの取締役と取引しても有効な取引となります。以上の点については、商業登記簿等で確認します。

（2）通常の株式会社へ移行した場合

特例有限会社は、定款を変更して商号中に「株式会社」の文字を用いる商号変更を行い、通常の株式会社に移行することもできます（整備法２条・３条・45条・46条）。特例有限会社が通常の株式会社に移行すると、通常の株式会社としての規律に服する（例えば、取締役会を設置することもできる）ことになります。

なお、通常の株式会社へと移行する手続は、定款を変更してその商号中に株式会社という文字を用いたうえで（整備法４条）、その登記をすることにより、移行の効力が生じます（特例有限会社の解散の登記と商号変更後の株式会社の設立の登記。同法46条）。

3 代表権の制限の確認

代表取締役は、株式会社の業務に関する一切の裁判上または裁判外の行為をする権限があり、当該権限に加えた制限は、善意の第三者には対抗できません（会社法349条４項・５項）。ただし、金融機関の場合は、登記事項証明書による確認のほか、定款で代表権に制限が加えられていないか確認すべきでしょう。

9

【口座開設・貯金の成立】

●反社会的勢力による口座開設

土地の地上げ業者と思われる不動産会社A社から、貯金口座の開設依頼がありました。反社会的勢力ではないかを調査したところ、同社の代表者が暴力団関係者であることが判明しました。どのように対応すればよいでしょうか。

9

A社の代表者が暴力団関係者であるということですから、A社は反社会的勢力ということになります。反社会的勢力である以上、口座開設に応じることはできません。

解説

1　口座開設に関する社会的責任と留意点

ＪＡ等金融機関は、金融の中核として高い公共性と社会的責任を負っており、金融機関が単に自金融機関の利益にのみに執着し、顧客に不合理な要求をしたり、顧客サービスについても不公平な扱いをすることは許されません。

特に、取引額が少額であることを理由に取引を拒絶したり、個人的に親しい顧客にのみ過剰・過当なサービスを提供することも慎むべきです。

2　口座開設を拒絶できる場合と留意点

ただし、銀行等の営利団体であればもちろんのこと、ＪＡなど協同組織金融機関等の非営利団体であっても、金融仲介機能等の使命を果たすために適正な利益を求めることは許されますし、外部からの業務妨害や反社会的勢力等に対しては、毅然とした対応をとるべきことが求められます。したがって、

①　取引時確認に協力しない場合（本人確認書類の提示拒否など）

② ささいなミスを原因として不当な要求をする場合（貯金の強制など）

③ 業務防害を目的とする取引の場合（1円貯金など）

④ 反社会的勢力であることが判明した場合

などにおいては取引拒絶が可能と考えられます。

なお、質問のような風評の芳しくない企業等と反社会的勢力ではないことを確認のうえ取引を開始した場合は、その取引後の管理を徹底し、もし、不法・違法なことが行われた場合や反社会的勢力であることが判明した場合は、取引の改善・拒絶を主張することが大切です。

また、貯金口座が「振り込め詐欺」や「ヤミ金融」等によって不正利用されて社会問題化していますが、そのような反社会的ないし公序良俗に反する行為が判明した場合は、取引の停止や強制解約など、毅然たる姿勢で臨まなければなりません。

10

【取引時確認】

●口座開設と取引時確認

窓口に来店したAは、総合口座開設申込書に所定の事項を記入して押印し、窓口係員に口座開設の申込をしました。口座開設に際しての取引時確認手続はどのように行えばよいでしょうか。

10

Aの本人特定事項（氏名、住居、生年月日）について、Aの運転免許証等の公的書類の提示を受けて確認するとともに、口座開設の目的とAの職業を確認しなければなりません。

解説

1 取引時確認が必要となる取引

取引時確認が必要となる取引は、「犯罪による収益の移転防止に関する法律施行令」（以下「犯罪収益移転防止法施行令」という）7条1項等に規定されています。その概要は、以下のとおりです。

① 取引関係の開始時（貯金口座の開設、貸金庫取引の開始等）

② 大口現金取引等を行う際（現金等による200万円を超える取引）

③ 10万円を超える現金の振込み等を行う取引

④ 厳格な顧客管理を要する取引（本人特定事項の虚偽告知・名義人へのなりすまし等の疑いがある顧客との取引、外国PEPs(注)との取引等）の際（なお、当該顧客の本人特定事項と顧客管理事項の再確認を行うとともに、200万円超の取引を行う場合は、資産・収入にかかる情報の確認が義務付けられています）

⑤ マネー・ローンダリングの疑いがあると認められる取引その他の顧客管理を行ううえで特別の注意を要するものとして、「同種の取引の態様と著しく異なる態様で行われる取引等」

⑥　限度額を超えない（敷居値以下の）取引であっても、顧客の言動等から１つの取引を分割したものであることが明らかと判断される場合の当該取引（例えば、現金での15万円の振込依頼について取引時確認をしようとしたところ、９万円と６万円に分けた振込依頼に変更された場合など）

なお、「同種の取引の態様と著しく異なる態様で行われる取引等」とは、「疑わしい取引」に該当するとは直ちにいえないまでも、その取引の態様等から類型的に該当する可能性のある取引をいいます。例えば、「資産や収入に見合っていると考えられる取引ではあるものの、一般的な同種の取引と比較して高額な取引」「定期的に返済はなされているものの、予定外に一括して融資の返済が行われる取引」などです。

（注）外国 PEPs

外国 PEPs とは、①外国の元首および外国の政府、中央銀行その他これらに準ずる機関において重要な地位を占めている者として主務省令で定める者並びにこれらの者であった者、②①に掲げる者の家族（事実婚を含む配偶者、父母および子）、③法人であって、上記①および②に掲げる者がその事業経営を実質的に支配することが可能となる関係にあるものとして主務省令で定める者をいう。

2　個人における取引時確認

「犯罪による収益の移転防止に関する法律」（以下、「犯罪収益移転防止法」という）は、個人顧客との間で預貯金等の取引を行うに際しては、本人特定事項のほか、顧客管理事項の確認を義務付けています（同法４条１項）。

（1）本人特定事項・顧客管理事項の確認

本人特定事項とは、氏名、住居および生年月日であり、運転免許証等の公的書類の提示を受けて確認しなければなりません。また、確認すべき顧客管理事項とは、取引目的および個人の職業です。

（2）「実在性の有無」・「なりすましの有無」の確認

本人特定事項の確認に際しては、①実在する人物なのか否かという「実在性の有無」と、②別人が本人になりすましているのではないかという「なりすましの有無」について、公的証明書等による確認が義務付けられています。

公的証明書が本人しか所持できない顔写真入りの運転免許証やパスポート、個人番号カード、在留カードなどの場合は、「実在性の有無」と「なりすましの有無」を同時に確認できます。

しかし、顔写真のない健康保険証や本人以外の者でも入手できる住民票などの場合は、「実在性の有無」は確認できますが、「なりすましの有無」は確認できないため、他の本人確認書類や現住所の記載のある公共料金の領収書等の提示を求めるか、あるいは証明書記載の住所宛に取引関係書類等を転送不要扱いの書留郵便等で送付する方法等の手続が必要となります。

（3）「取引目的の類型」・「職業の類型」の確認

顧客管理事項を確認する場合の「取引目的の類型」は、「生計費決済」「事業費決済」「給与受取・年金受取」「貯蓄・資産運用」「融資」「外国為替取引」などです。

また「職業の類型」は、「会社役員・団体役員」「会社員・団体職員」「公務員」「個人事業主・自営業」「パート・アルバイト・派遣社員・契約社員」「主婦」「学生」「退職された人・無職の人」などです。

Q11 【取引時確認】

●妻による夫名義の貯金口座の開設と取引時確認

妻が、夫名義の口座を開設する場合、取引時確認はどのように行えばよいでしょうか。

A11

妻の代理権限の確認と、妻が夫のために特定取引の任にあたっていることの確認が必要です。また、本人である夫について取引時確認を行うとともに、代理人である妻についても本人特定事項の確認が必要です。

解説

1 妻の代理権限等の確認

妻は、夫の代理人として貯金口座の開設を行うことになるので、夫に連絡をとることなどにより、夫に口座を開設する意思があることと妻に代理権を与えたことを確認する必要があります。そして、妻がその有効な代理権限を行使して夫の貯金口座の開設を行うと、その効力が夫に及ぶことになります。

2 犯罪収益移転防止法上の取引時確認

（1）本人および代理人についての取引時確認

本人である夫について取引時確認を行うとともに、代理人である妻についても本人特定事項の確認が必要です。

具体的には、運転免許証等の公的証明書の提示を受けて、①本人特定事項、②取引を行う目的、③顧客の職業の確認を行うとともに、夫および妻の双方について、その実在性と同一性（なりすましではないか）の確認を行わなければなりません。

（２）妻が夫のために特定取引の任にあたっていることの確認

犯罪による収益の移転防止に関する法律施行規則（以下「犯罪収益移転防止法施行規則」という）12条4項1号では、次の各事由のいずれかに該当すれば、代理人である妻が夫のために特定取引の任にあたっていると認められるとしています。

① 代理人等が、当該顧客等の同居の親族または法定代理人であること

② 代理人等が、当該顧客等が作成した委任状その他の当該代理人が当該顧客等のために当該特定取引等の任にあたっていることを証する書面を有していること

③ 当該顧客等に電話をかけること、その他これに類する方法により、当該代理人等が当該顧客等のために当該特定取引等の任にあたっていることが確認できること

④ ①から③までに掲げるもののほか、金融機関が当該顧客等と当該代理人等との関係を認識していること、その他の理由により、当該代理人等が当該顧客等のために当該特定取引等の任にあたっていることが明らかであること

Q 12 【取引時確認】

●未成年者との貯金取引と取引時確認

総合口座取引先Aが、保育園に入園した子Bの保育料支払手続のために来店されました。そして、Bの貯金口座を開設したいとの申出となりました。取引時確認はどのようにすればよいでしょうか。

A 12

法定代理人である親権者Aについても、未成年者Bとともに本人特定事項の確認を行うことが必要となりますが、質問の場合は、Aは取引時確認済の確認を行えば足ります。また、Bについては、顔写真入りの公的証明書はない場合が多く、その場合は、健康保険証や住民票等の複数の公的証明書で取引時確認を行います。

解説

1 親権者による未成年者の口座開設

親権者が未成年の子の代理人として子の名義の口座を開設すること自体は、法的には何ら問題はありません。親権者は未成年者の法定代理人であり、未成年の子の財産を管理し、その財産に関する法律行為について代理権を有するからです（民法824条・859条）。また、貯金口座の申込書の筆跡は親権者ですが、適法な代理権の行使ですからまったく問題ありません。

2 代理人による未成年者の口座開設と取引時確認

（1）代理人による口座開設

個人顧客の代理人が本人の口座の開設等を行う場合は、当該代理人の本人特定事項のほか、代理権（取引の任にあたっていること）の確認が義務付けられています（犯罪収益移転防止法施行規則12条4項1号）。代理権の確認方法は、以下のとおりです。

① 顧客等の同居の親族または法定代理人であること。

② 委任状または特定取引の任にあたっていることを証明する書面を有していること。

③ 電話等により特定取引の任にあたっていることを確認できること。

④ 顧客と本人との関係を認識している（面識がある)、など、特定取引の任にあたっていることが明らかであること。

（2）代理人による未成年者の口座開設

親権者が未成年者を代理して貯金口座を開設する場合は、親権者についても未成年者とともに本人特定事項の確認を行うことが必要です（犯罪収益移転防止法4条4項)。つまり、未成年者とその法定代理人双方について、その実在性となりすましの有無を確認しなければなりません。

質問の場合、法定代理人である親権者は総合口座開設の際に取引時確認を行っているので、取引時確認済みであることを確認します（同条3項、同法施行令13条2項)。未成年者については、未取引先ですから取引時確認を行いますが、未成年者の場合は顔写真入りの公的証明書がない場合が多いので、健康保険証や住民票など複数の公的証明書により取引時確認を行うことになります。

3 簡素な顧客管理を行うことが許容される取引と取引時確認

なお、国または地方公共団体に対する金品の納付または納入にかかる取引や、公共料金、入学金の支払など、簡素な顧客管理を行うことが許容される取引として、犯罪収益移転防止法施行規則4条に掲げられている取引については取引時確認は不要です。具体的には、小売電気事業者もしくは一般送配電事業者、一般ガス事業者または水道事業者への電気・ガス・水道水料金の支払にかかるもの、小学校、中学校、義務教育学校、大学または高等専門学校に対する入学金・授業料等の現金による振込等については、10万円を超える場合でも取引時確認が不要となっています。

Q13 【取引時確認】

●成年被後見人の口座開設と取引時確認

成年被後見人Ａの成年後見人Ｂと称する者が来店し、「Ａが家主となっている賃貸マンションの家賃の受入口座として普通貯金口座を開設したい」との申出を受けました。取引時確認はどのようにすればよいでしょうか。

A13

Ｂから「成年後見制度に関する届出書」およびＡが成年後見の審判を受けた旨とＢが成年後見人として選任された旨が記載されている「登記事項証明書」を提出してもらい、Ａおよびについて取引時確認の手続を行います。これらの手続が完了すれば、普通貯金口座は、通常はＡ名義で開設し、入出金は、ＢがＡの代理人として行います。

解説

1 成年後見人による成年被後見人の口座開設

（1）成年被後見人と成年後見人の権限

精神上の障害により事理を弁識する能力を欠く常況にある者については、同人の家族などの申立による家庭裁判所の後見開始の審判によって成年被後見人となり、さらに職権で、成年後見人が選任されます（民法７条、８条）。成年後見人は、成年被後見人（本人）の法律行為全般について本人を代理することができ、本人がした行為（日常生活に関する行為を除く）を取り消すことができます（民法９条）。

（2）成年被後見人との貯金取引の相手方

成年被後見人との貯金取引の相手方は、本人（成年被後見人）ではなく成年後見人です。本人との貯金取引は、成年後見人の同意があっても取り消されるおそれがあります。貯金口座は、成年後見人が本人（成年被後見人）名義で開設し、入出金についても、成年後見人が本人の代理人として行います。

2 成年後見人による成年被後見人の口座開設と取引時確認

（1）代理人による口座開設

個人顧客の代理人が本人の口座の開設等を行う場合は、当該代理人の本人特定事項のほか、代理権（取引の任にあたっていること）の確認が義務付けられています（犯罪収益移転防止法施行規則12条４項１号）。代理権の確認方法は、以下のとおりです。

① 顧客等の同居の親族または法定代理人であること。

② 委任状または特定取引の任にあたっていることを証明する書面を有していること。

③ 電話等により特定取引の任にあたっていることを確認できること。

④ 顧客と本人との関係を認識している（面識がある）、など、特定取引の任にあたっていることが明らかであること。

（2）成年後見人による成年被後見人の口座開設

成年後見人が成年被後見人を代理して貯金口座を開設する場合は、成年後見人も成年被後見人とともに本人特定事項の確認を行うことが必要です（犯罪収益移転防止法４条４項）。つまり、成年被後見人とその法定代理人である成年後見人双方について、その実在性となりすましの有無を確認しなければなりません。

質問の場合、本人Ａおよび法定代理人Ｂの「実在性の有無」については、本人Ａについて後見開始の審判があった旨やＢが成年後見人として選任されたことなどが記載されている「登記事項証明書」（東京法務局の後見登録課で発行される公的な証明書）で確認することができます。また、成年後見人Ｂの代理権（取引の任にあたっていること）についても、この登記事項証明書にＢが成年後見人として選任された旨の記載があることで確認することができます。

また、本人Ａおよび法定代理人Ｂの「なりすましの有無」については、Ａ

およびBについて、他の本人確認書類や現住所の記載のある公共料金の領収証等の提示を求める方法などで確認します。

なお、成年後見制度の概要については、Q 83を参照してください。

14

【取引時確認】

●他店で取引時確認がなされている顧客と取引をする場合

他店ですでに取引時確認済みの顧客と取引時確認が必要な取引をする場合、改めて取引時確認をする必要がありますか。

A 14

他店ですでに取引時確認済みの顧客であることが確認できれば、再度の取引時確認は不要です。

解説

1 取引時確認済みの顧客であることの確認

例えば、貯金口座の開設は取引時確認が必要な取引ですが、当該顧客が他店で取引時確認済みであることが確認できた場合は、取引時確認を改めて行う必要はありません。

2 取引時確認済みの顧客であることの確認方法

取引時確認済みの顧客であることの確認方法については、犯罪収益移転防止法施行規則で次のように定められています。

① 預貯金通帳その他の顧客等が確認記録に記録されている顧客等と同一であることを示す書類その他の物の提示または送付を受けること（同規則16条1項1号）。

② 顧客等しか知り得ない事項その他の顧客等が確認記録に記録されている顧客等と同一であることを示す事項の申告を受けること（同条同項2号）。

上記①は、貯金通帳やキャッシュカードの提示を受ける方法などであり、②は、暗証番号等の申告を受ける方法などが該当します。

なお、金融機関において、顧客等または代表者等と面識がある場合のほか、顧客等が取引時確認記録に記録されている顧客等と同一であることが明らかな場合は、当該顧客等が取引時確認記録に記録されている顧客等と同一であることを確認したものとすることができます（同条２項）。

ただし、当該顧客になりすましの疑いがある場合や取引時確認事項を偽っている疑いがある場合は、改めて取引時確認を行うことが必要です（同施行令13条２項）。

15

【取引時確認】

●外国人と貯金取引をする場合の取引時確認

外国人から普通貯金の新規口座の開設を依頼されました。この場合、取引時確認はどのように行えばよいでしょうか。

15

基本的には日本人と同じ取扱いで取引時確認等を行い、貯金口座を開設します。

解説

1　外国人の本人特定事項の確認方法

中長期滞在者には「在留カード」が交付され、特別永住者には「特別永住者証明書」が交付されます。また、これらの者を含む前記外国人住民については、日本人と同様、住民票[注1]が作成されるので、外国人住民による口座開設に際しての取引時確認は、日本人と同様に行うことができます。

なお、短期滞在の日本に住居を有しない外国人は、パスポート等が本人確認書類になります。また、その住居については、外国の住居をパスポート等の確認書類にて確認します。

（注１）外国人の住民票

外国人住民の住民票には、氏名、出生の年月日、男女の別、住所等の基本事項、国民健康保険等の被保険者に関する事項のほか、外国人住民特有の事項として、国籍等、在留資格、留期間等が記載される。

2　新しい在留管理制度

「新しい在留管理制度」が2012年７月９日に施行され、同日をもって外国人登録法は廃止されました。これにより、新しい在留管理制度の対象となる中長期（３ヵ月を超える期間）の在留者には、「在留カード」[注2]が交付されます。

また、住民基本台帳法上、外国人住民とは、①中長期在留者、②特別永住者、③一時庇護のための上陸の許可を受けた者または仮滞在の許可を受けた者、④出生または日本国籍の喪失による経過滞在者のいずれかで、住所を有する人のことです。

（注２）在留カードとは

「在留カード」は、わが国に中長期間在留する外国人に対し、上陸許可や、在留資格の変更許可、在留期間の更新許可等在留に係る許可に伴って交付されるもの。

在留カードには、顔写真のほか氏名、国籍・地域、生年月日、性別、在留資格、在留期限、就労の可否などの情報が記載される。

在留カードは、正規にわが国に中長期間在留する外国人であり、具体的には、次の①～⑥のいずれにもあてはまらない者である。例えば、観光目的で日本に短期間滞在する外国人は在留管理制度の対象外となる。

① 「３月」以下の在留期間が決定された人
② 「短期滞在」の在留資格が決定された人
③ 「外交」または「公用」の在留資格が決定された人
④ 「特定活動」の在留資格が決定された、台湾日本関係協会の本邦の事務所（台北駐日経済文化代表処等）もしくは駐日パレスチナ常駐総代表部の職員またはその家族
⑤ 特別永住者
⑥ 在留資格を有しない人

16 【取引時確認】

●会社と貯金取引をする場合の取引時確認

株式会社Ａ社の営業所名義での普通貯金口座の開設申出がありました。この場合、取引時確認はどのようにすればよいでしょうか。

A 16

当該会社の商業登記に係る登記事項証明書のほか、営業所名、住所、所長名を記載した代理人届を徴求して営業所の存在を確認します。また、特定取引（普通貯金口座の開設）を行う会社の代表者等（代表者または取引担当者）についても取引時確認が必要です。

解説

法人（会社）との間で特定取引（預貯金等の取引）を行う場合、本人特定事項（法人の名称および本店または主たる事務所の所在地）のほか、顧客管理事項（取引目的、事業内容、法人の実質的支配者の本人特定事項）の確認が義務付けられています（犯罪による収益の移転防止に関する法律（以下「犯罪収益移転防止法」という）４条１項)。また、法人のために特定取引の任にあたっている代表者等（代表者または取引担当者）についても、その本人特定事項の確認を行わなければなりません。

1 法人の本人特定事項等の確認

本人特定事項の確認は、通常、６ヵ月以内に作成された法人登記に係る「登記事項証明書」によって行い（犯罪収益移転防止法施行規則６条１項３号イ・７条２号)、これによって法人の実在性の確認と同時にその法人の法人格もチェックします。株式会社の場合は、商業登記に係る「登記事項証明書」によります。

また、質問の場合は営業所との取引ですから、当該会社の商業登記に係る登記事項証明書のほか、営業所名、住所、所長名を記載した代理人届を徴求して営業所の存在を確認します。

2 代表者等の本人特定事項等の確認

特定取引の任にあたっている代表者等（代表者または取引担当者）の本人特定事項の確認に際しては、①実在する代表者等なのか（「実在性の有無」）と、②当該代表者等を名乗る者が代表者等になりすましていないか（「なりすましの有無」）について、公的証明書等による確認が義務付けられています。

公的証明書等が、顔写真入りの運転免許証やパスポート、個人番号カード、在留カードなどの場合は、「実在性の有無」と「なりすましの有無」を同時に確認できます。

しかし、顔写真が貼付されていない健康保険証や本人以外の者でも入手できる住民票などの場合は、「実在性の有無」は確認できても、「なりすましの有無」は確認できないため、他の本人確認書類や現住所の記載のある公共料金の領収書等の提示を求めるか、あるいは証明書記載の住所宛に取引関係書類等を転送不要扱いの書留郵便等で送付する方法等の手続が必要です。

3 顧客管理事項の確認

（1）取引目的と事業内容の確認

「取引目的の類型」は、「事業費決済」「貯蓄・資産運用」「融資」「外国為替取引」などです。

「事業内容の類型」は、「農業・林業・漁業」「製造業」「建設業」「情報通信業」「運輸業」「卸売・小売業」「金融業・保険業」「不動産業」「サービス業」などです。

（2）実質的支配者の確認

法人の実質的支配者は、法人を隠れ蓑にしてマネー・ローンダリングを行うおそれがあることから、このような者の本人特定事項も確認することが求められています。この実質的支配者（注）については、議決権その他の手段により当該法人を支配する自然人まで遡って確認しなければなりません（犯罪収益移転防止法施行規則 11 条２項）。

この確認方法は、法人との通常の取引の場合とハイリスク取引の場合とで異なっています。

通常の取引の場合は、当該法人の代表者等から申告を受ける方法とされています。ただし、金融庁所管の金融機関等を対象とする「マネー・ローンダリング及びテロ資金供与対策に関するガイドライン」（以下「ガイドライン」という）では、「信頼に足る証跡を求めてこれを行うこと」が求められています。

ハイリスク取引の場合は、通常の場合に比べてより厳格な確認方法が求められています。当該法人の代表者等から本人特定事項の申告を受ける方法に追加して、次の書類またはその写しを確認することが求められます。

①　資本多数決法人の場合

株主名簿、有価証券報告書その他これらに類する当該法人の議決権の保有状況を示す書類

②　資本多数決法人以外の法人の場合

登記事項証明書、官公庁から発行され、または発給された書類その他これに類するもので、当該法人を代表する権限を有している者を証するもの

（注）前述した「法人の実質的支配者」とは、次のような自然人をいう。
①　株式会社等の資本多数決法人においては、議決権の総数の４分の１を超える議決権を有している自然人
②　①以外の資本多数決法人のうち、出資、融資、取引その他の関係を通じて当該法人の事業活動に支配的な影響力を有すると認められる自然人
③　資本多数決法人以外の法人のうち、㋑当該法人の事業から生じる収益もしくは当該事業にかかる財産の総額の４分の１を超える収益の配当または財産の分配を受ける権利を有していると認められる自然人、または、㋺出資、融資取引その他の関係を通じて当該法人の事業活動に支配的な影響力を持つと認められる自然人
④　①から③までの自然人がいない法人については、当該法人を代表し、その業務を執行する自然人

4　特定取引の任にあたっていることの確認義務

法人との特定取引は、代表者等（代表者または取引担当者）の自然人を通して行います。そこで、当該法人の代表者等の本人特定事項のほか、特定取引の任にあたっていること（代理権限等）について、次のようなことにより確認します。

① 代表者等が、法人が作成した委任状その他の取引の任にあたっていることを証明する書面を有している

② 電話等により取引の任にあたっていることが確認できる

③ 代表者等が当該法人の代表権を有する役員として登記されている

④ 代表者等と法人との関係を認識している（面識がある）など、取引の任にあたっていることが明らかである

17

【取引時確認】

●過去に本人特定事項を偽っていた疑いがある人物との取引

Ａと名乗る人物が来店し、貯金口座開設の申出を受けましたが、過去に本人特定事項を偽っていた疑いのあることが判明しました。取引時確認をどのようにすればよいでしょうか。

A
17

通常の特定取引と同様の確認事項に加え、その取引が200万円を超える財産の移転を伴うものである場合には、「資産および収入の状況」の確認を行うことが必要です。

また、マネー・ローンダリングに利用されるおそれの高い取引であることを踏まえ、「本人特定事項」については、通常の取引を行う場合よりも厳格な方法による確認が必要です。

解説

1　ハイリスク取引とは

質問の場合の取引は、犯罪収益移転防止法においては、ハイリスク取引に該当します。このハイリスク取引とは、取引の相手方が取引の名義人になりすましている疑いがある特定取引または本人特定事項を偽っていた疑いがある顧客等との特定取引をいい（犯罪収益移転防止法施行令12条）、具体的には次のような取引が該当します。

① 取引の相手方が、取引のもととなる継続的な契約の締結（例えば、預貯金契約の締結）に際して行われた取引時確認に係る顧客またはその代表者等になりすましている疑いがある特定取引

② 取引のもととなる継続的な契約の締結に際して取引時確認が行われた際に取引時確認に係る事項を偽っていた疑いがある顧客またはその代表者等との特定取引

③　マネー・ローンダリング対策が不十分であると認められる特定国等（イランおよび北朝鮮）に居住している顧客との特定取引

④　外国 PEPs（注）との特定取引

（注）外国 PEPs

外国 PEPs とは、①外国の元首および外国の政府、中央銀行その他これらに準ずる機関において重要な地位を占めている者として主務省令で定める者ならびにこれらの者であった者、②上記①に掲げる者の家族（事実婚を含む配偶者、父母および子）、③法人であって、上記①および②に掲げる者がその事業経営を実質的に支配することが可能となる関係にあるものとして主務省令で定める者をいう。

2　ハイリスク取引における確認事項

これらのハイリスク取引に際しては、過去に行った確認方法と異なる方法で本人特定事項の確認を要するほか、その取引が 200 万円を超える財産の移転を伴うものである場合には、「資産および収入の状況」の確認を行うことになります。

「資産および収入の状況」の確認方法は、顧客の書類を確認する方法とされていますが、顧客が当該取引を行うに相応な資産・収入を有しているかという観点から確認を行うこととなります。

自然人の場合は、源泉徴収票、確定申告書、預貯金通帳、その他資産および収入の状況を示す書類であり、法人の場合は、損益計算書、貸借対照表、その他資産および収入の状況を示す書類です。

また、マネー・ローンダリングに利用されるおそれの高い取引であることを踏まえ、「本人特定事項」および法人の場合の「実質的支配者」については、通常の取引を行う場合よりも厳格な方法により確認を行うこととされています。

18

【貯金の帰属】

●貯金の贈与と借名貯金

貯金取引先Ｂが来店し、「同居している３歳の孫Ｃのために積立定期貯金をしたい。贈与税がかからないよう、積立金額は毎年110万円の予定で、口座名義はＣ名義にしたい。数年後の誕生祝いで驚かせたいから、Ｃとその両親には内緒にしておきたい」との申出があった場合、このとおり対応することはできるでしょうか。

A
18

申出どおりＣ名義の積立定期貯金を受け入れた場合、Ｃへの貯金の贈与は成立せずＢの借名貯金となるので受け入れることはできません。Ｃ名義の貯金受入については、Ｃの親権者から受け入れるか、あるいは親権者の承諾が必要です。

解説

1　贈与の成立要件

贈与は、当事者の一方が自己の財産を無償で相手方に与える意思を表示し、相手方が受諾をすることによって、その効力が生じます（民法549条）。

したがって、ＢからＣへの貯金の贈与契約の効力が生じるためには、ＢがＣに対して贈与する意思表示を行い、Ｃがこれを受諾しなければなりません。しかし、Ｃは幼児であり意思表示を受領する能力を有しないため（民法98条の２）、Ｃの親権者が、Ｃの法定代理人として贈与を受諾すれば、贈与契約の効力が生じます（同法824条・859条）。

2　質問の場合の問題点

質問の場合は、Ｃおよびその両親に内緒ということなので、もし仮に、Ｂの申出に応じてＣ名義貯金を受け入れてしまうと、Ｃへの贈与の効力は生じないため、当該貯金の真実の貯金者は実はBであり、Bの「借名貯金」となります。

借名貯金は法令に反するとともに、脱税その他の様々な犯罪に利用されることがあるので、架空名義貯金と同様に、決して受け入れるべきではありません。また、例えばBの貯金がすでに1,000万円ある場合は、C名義を利用することで、貯金保険制度の保護の対象外である1,000万円を超える貯金について保護を受けることになり、貯金保険制度の潜脱行為となってしまいます。

3 借名貯金に伴うその他のリスク

Bの申出どおりC名義の貯金を受け入れた場合、積立期間中の贈与はその効力を生じないので、暦年課税による無税扱いの恩恵を受けることができず、誕生日祝いとして両親に通帳等を交付したときに、積立定期貯金全額が贈与されたものと認定され、多額の贈与税が課税されるおそれがあります。

また、積立期間中にBが死亡した場合、C名義の当該積立定期貯金はBの借名貯金であり相続財産の可能性が高いので、Cの両親から払戻請求されても払戻に応じることはできません。金融機関の対応としては、Cの両親の承諾のほか相続人全員の同意が払戻に応じる条件となります（最大決平成28・12・19民集70巻8号2121頁、金融・商事判例1510号37頁）（Q55参照）。

4 実務対応

質問の場合は、Bの申出どおりに受け入れるべきではありません。対応としては、未成年者Cの貯金の受入については、Cの法定代理人（親権者）の同意が必要であることや、贈与が成立するためにもCの親権者の承諾が必要であることを説明するか、あるいは、B名義の貯金を受け入れるほかないと考えられます。

19

【貯金の帰属】

●保険会社代理店名義の普通貯金の帰属（保険会社か保険代理店か）

取引先Ａは、「Ｘ火災海上保険」の代理店「Ｘ火災海上保険㈱代理店Ａ」名義の普通貯金口座を開設していましたが、不渡事故により事実上倒産しました。ところが、Ｘ社の職員が同普通貯金通帳と届出印章を持参して来店し、「代理店Ａ名義の貯金口座は、Ａがもっぱらｘ社の代理人として収受した保険料を預入し管理していたものであり、同貯金はＸ社に帰属する」として、全額の払戻を請求してきました。どのように対応すべきでしょうか。

19

質問のような場合、真の預金者は代理店であるとする判例があります（最判平成15・2・21民集57巻2号95頁）。したがって、Ｘ社から当該貯金を支払うよう要求されたとしても、応じることはできません。

解説

1　貯金の帰属

普通貯金や定期貯金等の貯金債権は、債権者が特定している指名債権であり、その債務者である金融機関は、貯金の真の債権者（貯金者）に払い戻してはじめて有効な支払となります。そこで、この貯金の真の債権者は誰かという貯金者の認定が問題となります。

2　定期貯金の貯金者の認定

定期預金の預金者の認定について学説は、客観説（自己の預金とする意思で、自ら出捐した者が預金者であるとする見解）、主観説（当該預入行為者が真の預金者とみる見解）がありますが、判例は、客観説に立つことを明確にしています（最判昭和52・8・9民集31巻4号742頁）。

3 普通貯金の貯金者の認定

（1）普通貯金の性質と貯金者の認定の考え方

普通貯金の場合は、いったん口座を開設すると、その後はいつでも自由に入出金ができるものであり、口座へ入金される度に発生する貯金債権は、入金のつど既存の貯金債権と合算されて一個の貯金債権として扱われます。普通貯金のこのような性質から、特定の時点における貯金債権の出捐関係を確定することは困難を伴う場合があります。そこで、出捐者と預入行為者、預金名義人との間の内部的な事実に重きを置くのではなく、誰が預金者として行動し、誰を預金者として表示したか、金融機関が誰を預金者として認識したかを基準に預金者を決めることがより合理的であり、主観説を原則とすべき、という学説があります（升田純「預金の帰属をめぐる裁判例の変遷」金融法務事情1555号21頁）。

（2）損害保険代理店名義普通貯金の場合

このようななか、質問のような損害保険代理店名義普通預金に関する事案において、判例（前掲最判平成15・2・21）は、①預金口座を開設したのは代理店であること、②預金口座の名義である損害保険代理店は預金者として損害保険会社を示しているとは認められないこと、③損害保険会社が代理店に普通預金契約締結の代理権を授与していないこと、④預金口座の通帳および届出印は代理店が保管し入出金事務を行っていたのは代理店のみであることなどを挙げて、本件普通預金の預金者は代理店であるとしました。

したがって、質問の場合は、X社代理店A名義の貯金口座がある場合に、X社から当該貯金を直接X社に支払うよう要求されたとしても、貯金者は代理店と解する上記判例があるため、これに応じることはできません。

20

【貯金の帰属】

●マンションの管理組合から委託を受けた管理会社名義の定期貯金の帰属（管理会社か管理組合か）

マンションの管理費として、管理組合から委託を受けた管理会社A社名義の定期貯金について、A社の破産管財人Xから払戻請求がなされました。ところが、マンション管理組合の理事長から、「当該定期貯金は管理組合のものであるので、払戻請求には応じないでほしい」との要請がありました。どのように対応すればよいでしょうか。

20

マンション管理費の受入口座（管理会社名義）から管理に要する諸費用と同会社が受領すべき管理報酬を支出し、管理費の残余金（剰余金）や修繕積立金が一定額に達した時に、これを定期貯金にしていたなどの経緯がある場合に、貯金者は管理組合であるとした判例があるので、破産管財人Xの申出は謝絶することとし、債権者不確知による弁済供託も検討すべきでしょう。

解説

1　マンション管理会社名義の定期貯金の帰属

マンション管理費を原資とする管理会社名義の定期預金について、管理会社に帰属するのか管理組合に帰属するのかが争われた判例について、判例（東京高判平成11・8・31金融・商事判例1075号3頁）は、本件定期預金の出捐者は、マンションの区分所有者全員であって、マンションの区分所有者の団体である管理組合が預金者で、本件各定期預金は、区分所有者全員に総有的ないし合有的に帰属し、マンション管理会社（破産会社）は、その使者として本件各定期預金をしたものと認められるとしています。

2 マンション管理組合が貯金者である理由

マンション管理組合が貯金者である理由として、マンションの区分所有者が管理費等を振り込んできた普通貯金口座（マンション管理会社名義）には、他のマンションの管理費等や破産会社（マンション管理会社）固有の資金等は一切入金されなかったこと、普通貯金が一定の額になったときにされた本件各定期貯金は、管理費の剰余金や修繕積立金等を原資とし、マンションごとに別個の貯金として開設されたものであること、定期貯金のなかには、書替前の預入時等に作成された書類の貯金者の名義の欄にマンション名が付記されていたものがあることなどを挙げています。

したがって、質問の場合は、破産管財人Xの申出は謝絶することとし、債権者不確知による弁済供託（民法494条）も検討すべきでしょう。

（参考）「債権者不確知」の場合の供託原因

弁済供託によって債務を消滅させるためには、供託原因が必要です。供託原因としての「債権者不確知」とは、例えば、債権者である貸主が死亡し相続が開始されたものの、相続人が誰であるか事実上知り得ない場合（この場合には、被供託者を「何某の相続人」として供託をすることができる）、あるいは、債権譲渡の通知を受けた当該債権について甲と乙との間でその帰属について争いがあり、いずれが真の債権者であるか弁済者が過失なくして知ることができない場合（この場合には、被供託者を「甲又は乙」として供託することができる）等をいう。

債権者不確知ということができるためには、①当初、特定人に帰属していた債権が、その後の事情により変動したため、債務者において債権者を確知することができなくなったという場合で、かつ、②債権者を確知することができないことが、債務者の過失によるものではないことが必要である。これに該当するかどうかは、個別の事案により、判断されることとなる。

（法務省ホームページより）

【貯金の帰属】

●依頼者からの預かり金を原資とする貯金の帰属（弁護士か依頼者か）

Ｘ社の債務整理の委任を受けた弁護士Ｙが、委任事務処理を遂行するために、Ｙ名義の普通貯金口座を開設し、Ｘ社から預かった500万円を入金しました。ところが、Ｘ社の滞納税徴収のためＢ（国）が当該Ｙ名義貯金を滞納者Ｘ社の財産として差し押えました。この差押に対して、弁護士Ｙは、「本件貯金債権はＸ社ではなく、Ｙに帰属するものである」と主張しています。

この貯金はＸ社の貯金でしょうか、あるいは弁護士Ｙの貯金でしょうか。また、ＪＡはどのように対応すべきでしょうか。

ＪＡとの間で本件口座に係る貯金契約を締結したのは弁護士Ｙであり、本件口座に係る貯金債権は、その後に入金されたものを含めてＹの貯金と解されます。したがって、ＪＡは、Ｂ（国）への支払には応じることはできません。

解説

1 受任者（弁護士）自身の名義Ｙで開設した普通貯金口座に係る貯金債権の帰属

質問のような事案において、判例（最判平成15・６・12民集57巻６号563頁）は、①債務整理事務の費用に充てるために交付を受けた前払費用(500万円）は、交付の時に委任者の支配を離れ、受任者がその責任と判断に基づいて支配管理し、委任契約の趣旨に従って用いるものとして受任者に帰属する、②本件において上記500万円は、受任者が委任者から交付を受けた時点において受任者に帰属するものとなったのであり、本件口座は、受任者が取得した財産を委任の趣旨に従い自己の他の財産と区別して管理する方途として開設したものである、③本件口座は、受任者が自己に帰属する財産をもって自己の名義で開設し、その後も自ら管理していたものであるから、金融機関との間で本件口座に係る貯金契約を締結したのは受任者であるとしています。

したがって、質問の場合、弁護士Ｙが、Ｘ社から債務整理の委任を受け、その委任事務処理遂行のために預かった500万円は、ＹがＸ社から交付を受けた時点でＹに帰属することになります。そして、このＹに帰属した500万円を委任の趣旨に従い管理するためにＹ名義の普通貯金を開設し、これに入金したのですから、当該口座に係る貯金債権は、その後に入金されたものを含めてＹの貯金債権になるものと解されます。

2 弁護士名義貯金が差し押えられた場合の対応

前記の判例の考え方によれば、Ｙ名義貯金に対して、Ｘ社の貯金として差押を受けたとしても、支払の差止や差押債権者への支払はすべきではありません。

なお、Ｙ個人の貯金として差押を受けた場合、本件預かり金口座も差押の効力が及ぶかどうかが問題となります。第三債務者である金融機関としては、Ｙ名義の口座である以上、Ｙの貯金として差押の効力が及んでいることを前提に対応するほかないと考えられます。

22

【貯金の帰属】

●誤振込による貯金の帰属

貯金者Ａの普通貯金口座に振込があり、同口座に入金されました。ところが、仕向銀行から組戻依頼があったので、受取人Ａに同意を求めたものの受け取る正当な理由があるとのことです。当該振込が誤振込であっても、その貯金はＡの貯金となるのでしょうか。

22

当該振込が誤振込であったとしても、受取人Ａの貯金が成立するので、被仕向銀行（ＪＡ）としては、Ａの同意が得られない限り組戻に応じることはできません。

解説

1 振込依頼人による誤振込と受取人の貯金債権の成立

振込依頼人の誤振込によって受取人Ａの貯金債権が成立するのか否かについて、判例（最判平成８・４・26民集50巻５号1267頁）は、振込依頼人と受取人の間に振込の原因関係が存するか否かにかかわらず、振込手続が完了した時点（被仕向銀行の受取人名義の勘定元帳に入金記帳された時点）で、受取人の預金が有効に成立するものとしています。つまり、当該誤振込により成立した貯金は、受取人に帰属することになります。

2 誤振込を知った受取人による貯金の払戻と詐欺罪の成立

ただし、誤振込があることを知った受取人が、その情を秘して貯金の払戻を請求することは、詐欺罪の欺罔行為に当たり、また、誤振込の有無に関する錯誤は、同罪の錯誤に当たるため、錯誤に陥った窓口係員から受取人が貯金の払戻を受けた場合には、受取人に詐欺罪が成立する可能性があります（最決平成15・３・12金融法務事情1697号49頁）。

3 誤振込と受取人に対する不当利得返還請求

また、誤振込によって受取人に貯金債権が成立したとしても、振込依頼人と受取人との間には振込の原因となる法律関係を欠くため、受取人には不当利得が生じます。したがって、誤振込が事実であれば、振込依頼人は受取人に対して不当利得の返還請求をすることができます。

第2章

貯金の払戻、解約

【貯金の払戻】

●貯金の払戻と民法 478 条

貯金者Aが来店し、3ヵ月前に新規預入した期間1年の定期貯金 500 万円を都合により中途解約してほしいとの申出を受けました。ただし、貯金証書も届出印章も紛失したというので、紛失解約の手続で対応しました。ところが、当該定期貯金の満期日に、紛失したはずの証書と届出印章を持参したBと名乗る人物が来店し、実は、Aの名前で借名貯金をしていたが、満期となったので解約手続をお願いしたいとの申出がありました。どのように対応すればよいでしょうか。

Aが「債権の準占有者」であることを知らず、かつ知らないことにつき無過失でAの払戻請求に応じた場合は、当該弁済は有効とされ（民法 478 条）、真の貯金者Bに対する二重払いを免れます。

解説

1 貯金者の認定

貯金債権は債権者が特定している指名債権であり、その債務者である金融機関は、真の貯金者（債権者）に払戻をしてはじめて有効な支払となります。そこで、この真の貯金者は誰かという貯金者の認定が問題となります。

この貯金者の認定の問題について判例は、定期預金の事案において、記名式定期預金が預入行為者名義のものであっても、出捐者が預入行為者に対し、自己の預金とするために金員を出捐して預入行為者の名義による記名式定期預金の預入手続を一任し、預入行為者が出捐者の使者または代理人として預金契約を締結したものであり、かつ、預金証書および届出印章は出捐者が所持しているなどの事情があるときは、その預金者は出捐者であると判示し、客観説に立つことを明確にしています（最判昭和52・8・9民集31巻4号742頁、金融・商事判例532号6頁)。

質問の場合、ＢがＡに現金とＡ名義の届出印章を託してＡ名義の定期貯金をするよう依頼し、Ａが現金等を持参してＪＡの窓口でＢのためにＡ名義の定期貯金をしているので、前掲判例によれば真の貯金者はＢとなります。

2 債権の準占有者に対する弁済

ＪＡの窓口では、来店したＡについて運転免許証による取引時確認を行い、Ａ自身から定期貯金作成のための金銭の引渡しを受けているため、この時点では、真の貯金者が実はＢであることをＪＡは認識できません。

また、Ａによる紛失解約の申出を受理した時点でも、Ａが真の貯金者としての外観を有していたため、ＪＡは、Ａを真の貯金者と思って解約に応じてしまったわけです。このような真の貯金者としての外観を有するものの実は無権利者であるＡのことを「債権の準占有者」といいます。そして、ＪＡが、Ａの紛失解約の申出を受理した時に、Ｂが真の貯金者であることを知らず、かつ知らないことにつき無過失であった場合、当該弁済は本来無効であるところ有効とされます（民法478条)。つまり、ＪＡは、真の貯金者Ｂに対する二重払いを免れます。

ただし、実は、ＢがＡとともに来店し、窓口担当者がＢの借名貯金と知ってＡ名義の定期貯金を受け入れていたが、借名貯金とは知らない他の職員がＡの紛失解約申出に応じてしまった場合は、ＪＡとしては、Ｂの借名貯金と知って（悪意で）Ａの払戻請求に応じたことになり、民法478条は適用されず、Ｂに対する二重払いを余儀なくされるおそれがあります。

（参考）改正民法478条……「受領権者（債権者及び法令の規定又は当事者の意思表示によって弁済を受領する権限を付与された第三者をいう。以下同じ。）以外の者であって取引上の社会通念に照らして受領権者としての外観を有するものに対してした弁済は、その弁済をした者が善意であり、かつ、過失がなかったときに限り、その効力を有する。」

Q24 【貯金の払戻】

●本人以外の人物への貯金の払戻

Ａ名義の貯金について、Ｂと名乗る人物がその通帳と届出印を持参して払戻を請求した場合、これに応じてもよいでしょうか。

A24

正規の通帳と届出印による払戻であることが確認でき、かつ払戻金額が多額ではなく、払戻請求者に何ら不審な様子がなければ、払戻に応じても差支えないと思われます。ただし、払戻金額が一定の金額を超える場合や、過去の払戻方法と異なる方法での払戻の場合などにおいては、本人の意思確認を行うなどの慎重な対応が必要です。

解説

1 本人以外の者への貯金の払戻と留意点

債権者の代理人と称して債権を行使する者についても、民法478条（債権の準占有者に対する弁済、Q 23参照）の規定が適用されます（最判昭和37・8・21民集16巻9号1809頁）。

したがって、実務上は、払戻請求者に不審な様子（例えば、帽子を目深にかぶり防犯カメラを意識しているなど）もなく、通帳・印鑑が真正なものであれば、そのまま払戻に応じても差し支えないでしょう。ただし、払戻金額が一定の金額を超える場合や、過去の払戻方法と異なる方法での払戻（例えば、取扱店以外の店舗でのほぼ全額に近い払戻）の場合などにおいては、本人の意思確認を行うなどの慎重な対応が必要です。

2 払戻請求者と貯金名義人が別姓（別人）の場合

（1）金融機関の無過失を認めた事例

女性名義預金の通帳と印鑑を男性が持参して払戻請求された事案について、判例（最判昭和42・4・15金融・商事判例62号2頁）は、女性名義の預金の払戻を男性が請求することはしばしばあり、また、請求書に押された印影が届出印と相違するため、再三、印を押し直させることも稀ではない。このような事例のもとで、係員が、預金通帳および印章の窃取された事実を知らず、かつ請求者の権限について疑念を抱かずこの点を確かめることなしに、預金の払戻をした場合、金融機関に過失があったものとは認められないとしています。

（2）定期預金の期限前解約・払戻につき過失があるが、普通預金払戻につき無過失とされた事例

一般に、定期貯金の期限前解約・払戻については、定期貯金の満期払戻や普通貯金の払戻に比して、金融機関の注意義務は加重されるとされています。

そして、定期預金の期限前解約のための払戻請求書の住所の記載に誤記があることを見落とし、かつ払戻請求者に対し解約理由をたずねなかったことは、解約・払戻の際の注意義務を怠った過失があるとされた裁判例があります（東京高判平成16・1・28金融・商事判例1193号13頁）。

一方で、この裁判例においては、普通預金の払戻については、一般に払戻請求書に住所の記載を求めておらず、金融機関に住所の同一性を確認すべき義務はないから、払戻請求書の住所の記載に誤記があることを見落としたとしても過失があるとはいえないとしています。

（3）払戻請求書の誤記等を看過した過失があるとされた事例

盗取された預金通帳と偽造印鑑を使用した預金の払戻について、預金払戻請求書に押捺された印影と届出印の印影が相違し、あるいは、払戻請求書の住所・氏名・電話番号に誤記があることなどを看過した金融機関に過失があるとされた裁判例があります。

例えば、払戻請求書の名前に誤記があり、これを看過した過失があるとさ

れた裁判例（東京地判平成15・1・15金融・商事判例1163号8頁）や、払戻請求書の氏名や電話番号に誤記があることを看過したため過失があるとされた裁判例（東京地判平成14・4・25金融・商事判例1163号8頁）などのほか、払戻請求書に押捺された印影と届出印の印影とは外枠の長さが相違していること、払戻請求者が帽子を目深くかぶるなど、不審な行動をしていたことなどから、金融機関の過失を認め、金融機関の免責が否定された裁判例（名古屋高判平成15・1・21金融・商事判例1163号8頁）などがあります。

（4）普通預金者の妻が同一日に同銀行の２支店の窓口で連続して払戻を受けた場合において、２回目の払戻について銀行の過失責任が問われた事例

払戻の態様と金融機関の責任について、次のように判示した裁判例（釧路地判平成24・10・4金融・商事判例1407号28頁）があります。

第1回目の払戻については、当該払戻が日常的に口座への入出金が行われることを予定する普通口座であること、銀行の内部規程として、1回目の払戻額が200万円を超えない場合には、本人確認を要しないとする規定があること、妻の挙動に不審な点がみられなかったことに鑑みると、払戻請求者が口座名義人と別人であることを認識できたからといって、払戻請求者の正当な受領権限を疑うべき事情があったと認めるのは困難であるから、債権の準占有者に対する弁済として過失がなく、銀行は免責されるとし、第2回目の払戻については、窓口担当者において同日中に第1回目の払戻がされていることを認識し得たところ、払戻請求者が別々の支店で本人確認を要しないとされていた1回の払戻の上限額である200万円を超えないそれぞれ199万円ずつの払戻を受けようとするのは、銀行の本人確認手続を回避しようとするに等しく、正当な払戻権限を有する者ではないのではないかとの疑いを抱くことができたというべきであるから、窓口担当者としては、払戻請求者に対し、氏名、口座名義請求人との関係、第1回目の払戻と併せて2回に分けて払戻手続を行うに至った理由などを尋ねるべきものであったのに、これを怠っている以上は、債権の準占有者に対する弁済として過失がないとはいえないので、銀行は免責されない、と判示しています。

25

【貯金の払戻】

●印鑑照合における注意義務

貯金の払戻請求書に押捺された印影と届出印とが相違していた場合、これに気づかずに払戻に応じると、ＪＡは免責されないのでしょうか。

A
25

貯金の払戻請求書に押捺された印影と届出印が、大きさが同一で、字体もほぼ同一であり、文字全体の印象はきわめてよく似ていて、一部に認められる相違も、使用条件の変化等によって生じ得る範囲内のものといえるなどの事情があれば免責されます。

解説

1　貯金規定に基づく支払と免責約款

貯金規定は、貯金の払戻にあたっては、通帳と印鑑（届出印）を確認して払い戻すこととし、印鑑照合については、払戻請求書等に使用された印影を届出の印鑑と相当の注意をもって照合し、相違ないものと認めて取り扱った場合は、偽造、変造その他の事故による損害について、ＪＡは責任を負わない旨を定めています。

2　印鑑照合における注意義務の程度

印鑑照合については、前記貯金規定のとおり「相当の注意」をもって照合することが前提となっています。この「相当の注意」の程度について判例（最判昭和46・6・10民集25巻4号492頁）は、照合事務担当者に対して社会通念上、一般に期待されている業務上相当の注意をもって慎重に行うことを要し、前記事務に習熟している金融機関係員が前記のような相当の注意を払って熟視するならば肉眼で発見し得るような印影の相違が看過されて偽造手形が支払われたときは、その支払による不利益を取引先に帰せしめることは許されないとしています。

そして、印鑑照合については、ほとんどの金融機関において徹底され、①印影の大きさ、形、字体、②字の太さ、③文字の一画ごとの止め方、④文字と周りの線との間隔などについて照合され、疑問があるときは、折り重ね照合を行い、上司に相談するように指導されているようです。

また、印鑑照合に過失がないとされた判例があります。すなわち、貯金払戻等の事務を担当した係員が、払戻請求書に押捺された印影と届出印および貯金通帳に押捺された印影（副印鑑）とが異なっていることに気づかなかった場合であっても、その両印影が、大きさが同一で、字体もほぼ同一であり、文字全体の印象はきわめてよく似ていて、一部に認められる相違も、使用条件の変化等によって生じ得る範囲内のものといえるなどの事情の下においては、前記担当者のした印影の照合に過失はなく、その払戻等は有効であるとした判例（最判平成10・3・27金融・商事判例1049号12頁）です。

なお、印鑑照合等につき無過失とされた下級審判例としては、大阪地判平成14・2・14（金融法務事情1647号63頁）、東京地判平成14・3・22（金融法務事情1660号42頁）、東京地判平成15・5・29（金融法務事情1692号61頁）、新潟地判平成16・6・2（金融・商事判例1200号37頁）、東京地判平成16・9・24（金融・商事判例1206号14頁）、東京高判平成16・9・30（金融・商事判例1206号41頁）などがあります。

また、印鑑照合等につき過失があるとされた下級審判例としては、東京地判平成15・12・3（金融・商事判例1181号12頁）、大阪地判平成16・3・11（金融・商事判例1193号51頁）、東京高判平成16・8・26（金融・商事判例1200号4頁）、大阪地判平成16・6・4（金融・商事判例1200号31頁）などがあります。

26

【貯金の払戻】

●便宜払いによる払戻

貯金者Ａから、「貯金通帳が見当たらないが、緊急に資金が必要になったので、通帳なしでの払戻に応じてほしい」旨の申出がありました。どのように対応すればよいでしょうか。

A

26

貯金者Ａと名乗る人物が、Ａであることに間違いなく、当該取扱いが一時的なもので緊急性があれば、やむを得ないかを確認したうえで対応します。

解説

1 便宜払いと取扱上の留意点

貯金の便宜払いとは、普通貯金規定のほか各種貯金規定に定めがない、またはその他の特約（口座振替契約等）がないにもかかわらず、ＪＡの責任で顧客の便宜を図るため、通帳等の提出を受けずに、貯金払戻請求書等の提出を受けて、当該貯金の支払に応じることをいいます。

貯金規定に基づく払戻（貯金通帳等および届出印による払戻等）であり、かつ、ＪＡが善意・無過失であれば、免責約款や民法478条（債権の準占有者に対する弁済）により免責されます。

これに対し、便宜払いの場合は、免責約款や民法478条が適用されず、ＪＡの注意義務が加重されるため、便宜払いの依頼者が貯金者本人と確認できる場合に限り取り扱うこととし、貯金者本人かどうか確認できない場合は対応すべきではありません。

2 便宜払いの事務手続等

便宜払いは、一時的かつ異例な扱いによる貯金の払戻手続であり、取扱上の不備が早期に修復できる見込みがない場合は、対応すべきではありません。

（1）慎重かつ限定的な取扱い

貯金の便宜払いは、真にやむを得ない事情がある場合かを見極めて対応すべきです。また、依頼者が貯金者本人であることが確実でなければ、対応すべきではありません。もしも、貯金者本人でなかった場合は、貯金者から当該払戻の無効を主張され、二重支払を余儀なくされるおそれがあるためです。

（2）一時的な取扱い

真にやむを得ない事情がある場合とは、緊急に資金が必要になった場合等であり、かつ通帳等が不明であるものの早期に発見できる見込みがあるなど、一時的な扱いであり、当該便宜扱いが継続的に発生するものではないことが必要です。

（3）便宜払いにおける確認事項等

①　本人確認および依頼内容等の確認

便宜払いは、依頼者が貯金者本人である場合に限り取り扱うことができます。

取扱者は、貯金者本人によるものであり、かつ真にやむを得ないものであるかなどの確認内容を上司に報告し、報告を受けた上司は、依頼者に面談するなどして、本人確認等に間違いがないかをチェックします。

②　便宜扱い処理簿等への記録と管理

便宜払いは異例な取扱いのため、その顛末を記録し管理しなければなりません。そこで、便宜払いを行った場合は、便宜扱い処理簿等にその旨および不備内容が整備される見込みの日（無通帳扱いの場合の通帳への記帳予定日等）を記録し、予定どおり不備が整備されたかを管理できるようにします。

27

【貯金の払戻】

●盗難カード等·偽造カード等·盗難通帳による貯金払戻

盗難カード等・偽造カード等により貯金者が被害を受けた場合、ＪＡは、必ずその被害を補てんしなければならないのでしょうか。また、盗難通帳によって預金者が被害を受けた場合についても、ＪＡはその被害を補てんしなければならないのでしょうか。

A 27

盗難カード等または偽造カード等により貯金者が被った被害については、ＪＡは、「偽造カード等及び盗難カード等を用いて行われる不正な機械式預貯金払戻等からの預貯金者の保護等に関する法律」（以下「偽造・盗難カード預金者保護法」という）の規定に従って補てんしなければなりません。盗難通帳による被害については、偽造・盗難カード預金者保護法の定めに準じて、ＪＡが自主的にその被害を補てんしようとする取り決めがなされています。

解説

1 盗難カード等の場合（被害額は原則としてＪＡが負担）

（1）貯金者が補てん請求できる場合

盗難カード等による不正な払戻については民法478条が適用されるので、ＪＡが善意・無過失であれば当該払戻は有効となり、ＪＡは免責されます。

ただし、貯金者が、ＪＡに対して、①貯金者が盗難を認識した後、速やかに通知したこと、②盗難の事情等について十分説明したこと、③捜査機関に盗難届を提出したことなど、いずれにも該当し、かつ貯金者に故意・重過失がないときは、貯金者は、ＪＡが善意・無過失であっても補てん対象額（基準日以後の払戻等の金額）を請求できます（偽造・盗難カード預金者保護法

５条１項・２項・４項）。

（2） ＪＡが補てん責任の一部ないし全部を免れる場合

① 全部免れる場合

貯金者の故意による場合のほか、ＪＡが善意・無過失でかつ、①貯金者の重過失によるものである場合、②貯金者の配偶者、２親等内の親族、同居の親族その他同居人または家事使用人によるものである場合、③貯金者が重要な事項について偽りの説明を行った場合については、ＪＡは補てん義務を免れます（偽造・盗難カード預金者保護法５条２項・３項・５項）。

② 一部免れる場合

ＪＡが善意・無過失でかつ貯金者の過失（重過失を除く）によることを証明した場合は、補てんすべき額は補てん対象額の４分の３となります（偽造・盗難カード預金者保護法５条２項・４項）。

（3） 貯金者の重大な過失または過失となり得る場合

① 貯金者の重大な過失となり得る場合

貯金者の重大な過失となり得る場合とは、「故意」と同視し得る程度に注意義務に著しく違反する場合であり、その事例は、典型的には次のとおりです。

(a)貯金者が他人に暗証番号を知らせた場合、(b)貯金者が暗証番号をキャッシュカード上に書き記していた場合、(c)貯金者が他人にキャッシュカードを渡した場合、(d)その他貯金者に(a)～(c)までの場合と同程度の著しい注意義務違反があると認められる場合[注]

（注）上記(a)および(c)については、病気の人が介護ヘルパー（介護ヘルパーは業務としてキャッシュカードを預かることはできないため、あくまで介護ヘルパーが個人的な立場で行った場合）等に対して暗証番号を知らせたうえでキャッシュカードを渡した場合など、やむを得ない事情がある場合はこの限りではない。

② 貯金者の過失となり得る場合

貯金者の過失となり得る場合の事例は、ＪＡから生年月日等の類推されやすい暗証番号から別の番号に変更するよう個別的、具体的、複数回にわたる働きかけが行われたにもかかわらず、生年月日、自宅の住所・地番・電話番号、勤務先の電話番号、自動車などのナンバーを暗証番号にしていた場合であり、かつ、キャッシュカードをそれらの暗証番号を推測させる書類等（免許証、健康保険証、パスポートなど）とともに携行・保管していた場合や、暗証番号を容易に第三者が認知できるような形でメモなどに書き記し、かつ、キャッシュカードとともに携行・保管していた場合などです。

2 偽造カード等の場合（被害額は原則としてＪＡが負担）

偽造カード等による払戻等については、債権の準占有者への弁済の規定（民法478条）は適用されず、無効となります（偽造・盗難カード預金者保護法３条）。

偽造カード等による払戻等によって貯金残高が減少しても当該払戻等が無効となり、貯金の払戻はなかったことになるので、貯金残高は元に戻り、貯金者の被害はなかったことになります。これにより、ＪＡは、払戻金額相当額の被害を受けることになります。

ただし、貯金者の故意による場合、またはＪＡが善意・無過失でかつ貯金者に重過失ある場合は、ＪＡは補てん責任を免れます（偽造・盗難カード預金者保護法４条）。

貯金者の故意とは、当該不正払戻に貯金者が関与した場合など、貯金者が当該払戻を認容した場合です。また、重大な過失とは、著しい義務違反を意味しますが、例えば、他人に暗証番号を知らせた場合や、カード上に暗証番号を書き記していた場合など、カードや暗証番号の管理が著しくずさんな場合です。

3 盗難通帳等の場合（被害額は原則としてＪＡが負担）

ＪＡバンクでは、個人の盗難通帳やインターネット・バンキング等による被害については、例えば、ＪＡに過失がない場合でも、貯金者自身の責任によらない被害については補償を行うなど、偽造・盗難カード預金者保護法の盗難カードによる被害の補てんについての定めと同様のルールによって、各ＪＡが自主的に負担することにしています。

【貯金の払戻】

●偽造印鑑による貯金の払戻

貯金者Aの貯金通帳を所持する人物から、当該貯金についての払戻および他行のA名義口座への振込送金を求められ、届出印の印影と払戻請求書に押捺された印影とを照合して当該取引に応じました。ところが、後日、Aから通帳等の盗難届が出され、払戻請求書に押捺された印鑑は偽造印鑑であることが判明しました。JAは過失責任を問われるでしょうか。なお、振込送金をした他行のA名義口座は、実は当該人物があらかじめ開設していたものでした。

印鑑照合事務に習熟した係員が、平面照合において相当の注意をもって照合すれば発見し得た相違点を看過していた場合は、JAに過失があり、当該払戻は免責約款あるいは債権の準占有者に対する弁済の規定の適用はありません。

解説

1 貯金払戻請求の際の印鑑照合における注意義務

貯金の払戻請求を受けた金融機関の係員は、貯金取引の届出印の印影と払戻請求書に押捺された印影とを照合するにあたっては、払戻請求者が正当な受領権限を有しないことを疑わせる特段の事情のない限り、折り重ねによる照合や拡大鏡等による照合をするまでの義務はなく、肉眼による平面照合の方法によって両印影を比較照合すれば足りると解されています（最判昭和46・6・10民集25巻4号492頁）。

なお、払戻請求者が正当な受領権限を有しないことを疑わせる特段の事情としては、①払戻請求者の氏名・住所・電話番号等に誤記があった場合、②払戻請求者が、帽子を目深にかぶり、顔が防犯カメラに映らないような姿勢を続けていた場合などが挙げられます。

2 平面照合に際しての注意義務の程度

平面照合を行う場合には、印影照合事務の担当者に一般に期待される業務上相当の注意をもって照合を行うことを要しますが、具体的には、両印影の大きさ、形、文字の配列や全体的な印象にとどまらず、各文字について慎重に比較照合を行うことが求められます（最判平成10・3・27金融・商事判例1049号12頁）。

そして、相違点が発見された場合は、重ね合わせ照合や別の担当者による再度の照合、あるいは、払戻請求者に再度の押捺を求めたうえでの照合など、いっそう慎重な照合を行うことが必要です。このような作業により、両印影の相違点が押捺時の条件の違いや印章の使い込みによる変形に基づくものではなく、印章の違いによって生じたものであることを確認することができます。

3 平面照合に際して相違点を発見できなかった場合

以上のように、印鑑照合事務に習熟している担当者が相当の注意を払って照合するならば肉眼によって発見し得るにもかかわらず、そのような印影の相違を看過して払戻請求に応じたときは、ＪＡに過失があり、当該払戻は弁済の効力を有しません。したがって、ＪＡは真の貯金者からの貯金払戻請求に応じざるを得ません。

29 【貯金の払戻】

●入院費用として夫の口座から妻が払い戻す場合

妻が、「夫の入院費用の支払のため必要である」として、夫の普通貯金からの多額の払戻請求がされた場合の留意点は何でしょうか。

A 29

夫の判断能力に問題がない場合は、夫の払戻意思を確認します。判断能力に問題がある場合でも、夫の入院費の支払であることが確認できる場合は、人道的・社会的見地から払戻に応じることを検討します。

解説

1 夫の意思能力の有無と意思確認

夫の意思能力に問題がない場合は、夫の払戻意思を確認して払戻に応じます。

夫の意思能力に疑義があり、その意思確認ができない場合は、原則として払戻に応じることはできませんが、夫の入院費であることが確認できるのであれば、人道的にも社会的にもこれを謝絶することは困難です。

そこで、推定相続人全員の同意を得たうえで妻の代筆によって払戻を行い、直接病院に振り込む方法での対応が考えられます。

ただし、このような異例扱いを恒常的に行うことは避けるべきですから、妻には、今回に限り異例的に対応することを伝え、成年後見制度の利用を促すべきでしょう。

2 夫が意思能力を喪失していた場合

夫が意思能力を喪失していた場合は、今後の同様の取引を円滑に行うためには、夫のために後見開始の審判の申立をしてもらい、家庭裁判所で選任される成年後見人と取引する方法が不可欠であることを説明し、当該法定後見制度の利用を依頼します（Q 83参照）。

3 日常生活に関する行為と妻の代理権

なお、夫名義の貯金の払戻が、夫の日常生活に関する行為の範囲内であれば、妻は夫の代理人として払戻請求ができるものと解されています。

その法的根拠は民法761条にあります。同条は、「日常家事債務について夫婦は連帯責任を負う」というものですが、日常家事に関する行為の範囲内であれば、夫婦相互に代理権が認められていると解されるためです。日常家事とは、食料や衣類の購入、家賃の支払、相当な範囲内での家族の保健・医療・教育・娯楽に関する契約を指すとされており、夫の入院費用が多額でなければ、これの支払のために必要な貯金の払戻行為も日常家事の範囲内と解されます。

Q
30

【貯金の払戻】

●貯金者が認知症になった場合の貯金の払戻

貯金者Ａが認知症を発症したことが判明しました。Ａの貯金の払戻に際しての留意点は何でしょうか。

30

認知症が軽度であれば、Aの払戻に応じることが可能と考えられます。しかし、中等度以上に進行している場合は、原則として成年後見制度の利用を促すべきです。

解説

1 認知症の進行度合いと意思能力の程度

認知症を発症した場合、意思能力は認知症の進行によって徐々に低下するものと考えられます。例えば、認知症の進行度合いと成年後見制度の関係は、おおむね認知症が軽度の場合は補助、中等度の場合は保佐、重度の場合は後見となっているようです。補助開始の審判があると、補助人の同意を要する行為が決定されますが、預貯金の入出金行為については補助人の同意を要しない場合がほとんどです。

しかし、保佐開始の審判があると、民法13条によって預貯金の入出金行為についても保佐人の同意を要することになり、貯金者が保佐人の同意を得ないで貯金の払戻を行った場合は、取り消されるおそれがあります（Q 85参照）。

2 貯金者が認知症を発症した場合の貯金の払戻

質問の場合、貯金者Aの認知症が軽度の場合は、原則として健常者と同様の対応でAの払戻請求に応じることで差支えないものと考えられます。ただし、認知症が中等度以上に進行している場合は、貯金の入出金取引であっても有効に行う意思能力に欠ける場合があり得ます。したがって、この場合は、原則として払戻に応じることはできないので、成年後見制度を利用してもらうようにすべきです。なお、この場合でも、貯金者Aの配偶者であれば、Aの代理人として、日常家事に関する行為の範囲内での払戻に応じることができます（Q 29参照）。

3 日常生活自立支援制度の活用

また、認知症が軽度であれば、社会福祉協議会が取り扱っている日常生活自立支援制度の日常的金銭管理サービスや通帳等預かりサービスの利用が可能ですので、事案に応じてこれらの制度の利用を促すことも考えられます（Q 81・Q 82参照）。

Q31 【貯金の払戻】

●高齢の貯金者に代わって家族が貯金の払戻をする場合

高齢の貯金者Aの通帳と届出印を所持する家族Bから、貯金の払戻請求がされたのでこれに応じました。ところが、後日、Aが脳梗塞で倒れ、意識不明の状態となっていたことが判明しました。当該貯金払戻の効力に問題はないでしょうか。

A31

ＪＡが、Aの能力喪失を知らず、かつ知らないことに過失がなければ、債権の準占有者に対する払戻であるとして免責されるものと考えらえます。

解説

1 貯金者が意思能力を喪失した場合

貯金者が脳梗塞等により意思能力を喪失した場合でも、当該貯金者が健常者であったときに代理人が選任されていた場合、その代理人は、代理権限の範囲内で貯金者の貯金取引を行うことができます。このような代理人がいない場合に、貯金を払い戻すためには、貯金者について後見開始の審判の申立を行い、家庭裁判所で選任された成年後見人によることが必要です（Q 84参照）。

なお、貯金者が意識不明となる前に行っていた貯金口座からの公共料金の自動振替手続や借入金の約定返済額の自動引落等については、取引を継続することができます。

2 Aの意思能力の喪失を知らずにBに払い戻した金融機関の責任

質問のように、Aの能力喪失を知らずに家族Bへの払戻に応じた場合、ＪＡがAの能力喪失を知らなかったことに過失がなければ、ＪＡは、Bに対する払戻につき債権の準占有者に対する払戻（民法478条）であるとして免責されます。

しかし、渉外係員がAを訪問していて、Aの能力喪失をすでに知っていた場合や、知らないことに過失がある場合は、弁済の効力は認められないおそれがあります。

❸ 高齢の貯金者に代わって、家族が払戻をする場合の留意点

高齢のAに代わってその家族Bが払戻をする場合は、Bとの間で、Aが高齢でもあることから、「Aさんはお元気ですか」などと、Aの健康状態を気にかける会話も大事です。

このような会話によって、Aが意識不明の状態となっていることが判明すれば、前記❶記載のような適切な対応ができたはずです。

32

【貯金の払戻】

●老人ホームの職員による入居者の貯金の払戻

老人ホームの職員Ｂが貯金者Ａの貯金通帳と届出印を持参して「Ａの貯金を払い戻したい」と依頼されました。どのように対応すべきでしょうか。

32

原則として、Ａの意思確認を行って払戻に応じます。

解説

1 Ａの意思確認と委任状等の徴求

老人ホームの職員が、入所者である貯金者に代わって貯金払戻手続を行う場合があります。質問の場合は、貯金者Ａの意思確認を行ったうえで対応すべきです。Ａの意思確認の方法は、渉外係員が本人Ａに直接面談してその意思を確認するか、あるいはＡの老人ホーム職員に対する委任状の提出を受けてその意思を確認します。ただし、恒常的な取扱いとなる場合は、原則として代理人届の提出を受けて取引を行います。

2 Ａの意思能力の確認

前記の方法は、Ａの意思能力に問題がない場合に限られます。Ａの意思能力の確認方法ですが、Ａに面談しただけでは不十分であり、Ａの家族や、Ａをよく知る人物などとの雑談のなかで、Ａの健康状態を上手に聞き出すことが効果的です。そして、Ａが認知症を患っているなど、意思能力に問題があることが判明した場合は、成年後見制度のほか、社会福祉協議会が行っている日常的金銭管理サービスなどの利用を依頼すべきです（Ｑ81・Ｑ82・Ｑ83参照）。

33

【貯金の払戻】

●貯金払戻請求書の代筆

視覚障がい者等の依頼に応じて、ＪＡの係員が貯金払戻請求書を代筆することがありますが、法的に問題はないのでしょうか。

A
33

身体的障がいのために自署できないため、ＪＡの係員が代筆せざるを得ない場合は、当該払戻が貯金者の意思によるものであることを疎明できるようにしておくことが必要です。そのためには、代筆は複数の職員が立会いのうえ行い、代筆に至る経緯等を詳細に記録しなければなりません。

解説

1 払戻請求書の役割

払戻請求書は、貯金者がその意思で払戻請求を行ったことを証明するための書類であり、後日、裁判上の争いとなった場合に、そのことを証明するための証拠証券としての役割があります。これにより、払戻金が貯金者に引き渡されたことが推認されます。

2 代筆の問題点

払戻請求書をＪＡの係員が代筆すると、貯金者の意思によって払戻請求がされたことは証明できなくなります。また、払戻金は当該係員が受け取ったことは推認されますが、貯金者が「払戻請求をしたこともなく払戻金を受け取っていない」と主張すれば、当該係員による不祥事ではないかと疑われるおそれもあります。

3 貯金者の意思による代筆であることの疎明

ＪＡの係員が払戻請求書を代筆する場合は、後日、裁判上の争いとなった場合に、貯金者の意思による代筆であることを疎明できるようにしておく必要があります。そのためには、①代筆に際しては、必ず複数の職員が立ち会って対応すること、②代筆に至った原因や経緯等を詳細に記録にとどめておくことが不可欠です。また、②については、払戻金額と資金使途に不自然さがないことなどの確認も必要です。

なお、録音や防犯カメラ等による録画をして、一定期間保存しておくことも有効です。

34

【貯金の払戻】

●番号札の紛失

窓口での貯金の払戻に際して、払戻請求者に渡した番号札を紛失したとの届けがありました。この場合、貯金の払戻はどのようにすればよいでしょうか。

A
34

貯金者に紛失届を提出してもらい、貯金者本人であることを公的証明書等で確認できれば、払戻に応じることができます。

解説

1 番号札の役割

番号札は、窓口での貯金の払戻手続に際して利用されます。例えば、貯金の払戻請求に際して貯金通帳や払戻請求書と引換えに貯金者に番号札を渡し、その番号札と引換えに貯金通帳とともに払戻金を支払うことになります。この番号札は、法的には免責証券としての効果があります。

つまり、番号札の持参人に払戻金を支払えば、たとえその者が無権利者であったとしても、ＪＡ等金融機関が善意無過失であれば免責されるというものです。要するに、貯金の払戻請求者以外の第三者に誤払するなどの二重支払リスク防止等のために番号札が利用されます。

2 番号札の交付を怠ったため二重支払を余儀なくされた事案

事案の内容は、次のようなものです。ある日、窓口係員Ｐは、貯金者Ｘから普通貯金通帳と100万円の払戻請求書の提出を受けましたが、番号札をＸに交付することを失念していました。しかし、Ｐは、番号札を交付していないことに気づかないまま昼休み交代のため離席し、窓口係員Ｙがその後の払戻事務を担当することになりました。ところが、その時すでに貯金者Ｘは用事のため出かけており不在だったのですが、Ｙはそのことを知るよしもなくＸを呼び出しました。その時Ｙは、Ｘに番号札を交付していないことに気づきましたが、窓口に現れた人物に何ら不審な様子もなかったので、その者に100万円を払い戻しました。ところが、しばらく経って本物のＸが現れ、Ｙが支払った相手は実はＸではなく、Ｘを名乗る人物であったことが判明したというものです。窓口係員Ｐが番号札をＸに交付していれば防げた事案です。

3 貯金者が番号札を紛失した場合の対応策

貯金の払戻手続に際して貯金者に交付した番号札を貯金者が紛失した場合は、紛失届を提出してもらい、貯金者本人であることを公的証明書等で確認できれば、払戻に応じることができます。

なお、貯金者が番号札を紛失した旨の届出がされる前に、何者かが番号札を持参し、その者が無権利者であることをＪＡが知らずに払戻に応じてしまった場合は、その者が無権利者であることを知らないことに過失がなければ、ＪＡは免責されるものと考えられます。

35

【貯金の解約】

●貯金者以外の人物からの貯金の解約申出

貯金者以外の人物から、普通貯金の解約や定期貯金の満期解約の申出があった場合、金融機関の確認すべき事項は何でしょうか。

35

普通貯金の解約や当座貯金の解約については、本人の意思確認が不可欠です。しかし、定期貯金の満期解約については、普通貯金の払戻の場合と同様の注意義務で足ります。

解説

1 貯金者以外の人物による普通貯金の解約

普通貯金の事務としては、貯金の消費寄託契約上の入出金事務だけでなく、公共料金の自動支払や借入金の自動返済、給与や年金、販売代金や賃貸料金等の受入、利息の入金等、委任事務ないし準委任事務の性質を有するものも多く含まれています。普通貯金を解約すると、このような多様な取引をする貯金者としての地位を失うことになります。

したがって、貯金者以外の人物による普通貯金の解約の場合は、貯金者本人の意思確認が不可欠です。代理人による場合はその代理権限について確認しなければなりませんが、そのためには、本人が代理権限等を付与したことの確認を行うことになります。

2 貯金者以外の人物による当座貯金の解約

当座貯金の法的性質は、支払委託契約と消費寄託契約の混合契約と解されています。また、当座貯金の解約は、当事者（貯金者または金融機関）の一方的な意思表示によってすることができますが、手形や小切手をすでに振り出している場合は、不渡事故につながるおそれがあります。

したがって、当座貯金についても、貯金者以外の人物から解約申出があった場合は、本人の意思確認が不可欠です（Q 37 参照）。

3 貯金者以外の人物による定期貯金の満期解約

定期貯金の満期解約については、普通貯金の払戻請求と同程度の注意をもって対応すれば、本人以外の人物への貯金の払戻をしてよいと解されています（Q 24 参照）。ただし、定期貯金の期限前解約の場合は注意義務が加重されるので、来店した人物と本人との関係や代理権限の確認や、本人の意思確認が不可欠です（Q 24・36 参照）。

36

【貯金の解約】

●貯金の中途解約に応じる際の留意点

ＢがＡの定期貯金証書と届出印を持参して、期限前解約払戻を求めてきました。ＪＡの係員は、ＢはＡの配偶者と考えていた（実は同棲関係）ので、Ａの意思確認をすることもなくこの中途解約に応じて支払いました。ところが、後日、Ａが来店し、「Ｂへの支払は無効だ」と主張しました。どのように対応すべきだったのでしょうか。

A

36

貯金者以外の人物による定期貯金の期限前解約の場合は、本人との関係や代理権限の確認、あるいは本人の意思確認を行うべきです。これを怠った場合は、ＪＡの過失責任を問われるおそれがあります。

解説

1 定期貯金の期限前解約におけるＪＡ等金融機関の注意義務

定期貯金の期限前解約の場合には、払戻請求者と貯金者の同一性に関するＪＡ等金融機関の注意義務は、満期解約や普通貯金の払戻と比較して加重されるものと解されています。

また、盗難の貯金証書等による中途解約事案については、払戻請求者と貯金者の同一性に疑念を抱かせる特段の不審事由が存しない限り、原則として、預金証書と届出印鑑の所持の確認、事故届の有無の確認、中途解約事由の聴取、払戻請求書と届出印鑑票各記載の住所・氏名および各押捺された印影の同一性を調査確認することをもって足りるとする判例があります（最判昭和54・９・25金融・商事判例585号３頁、大阪高判昭和53・11・29金融・商事判例568号13頁）。

2 貯金者以外の人物による定期貯金の期限前解約の場合の注意義務

これに対し、質問のような事案において、定期貯金証書と届出印を所持していてもその人物が本人の委任を受けているとは限りません。金融機関の係員としては、まずその人物に本人との関係をたずね、その人物が本人の委任を受けているというのであれば委任を証する書面を求め、これがなければ本人に意思確認するなどし、これが明らかになって初めて解約申入等に応じるべきであり、そのような手続を講ずることなく定期預金の解約等に応じた場合は、過失責任を免れないとする裁判例があります（東京地判平成15・2・28金融・商事判例1178号53頁)。

したがって、貯金者以外の人物による定期貯金の期限前解約に際しては、当該払戻請求者と本人との関係や代理権限を有しているかを聴取し、代理権限があるというのであれば委任状等の書面等により代理権限を確認することが必要です。また、このような確認のほか、本人の解約の意思確認を行ったうえで、解約払戻に応じるべきです。

37

【貯金の解約】

●当座勘定取引契約の解約

当座勘定取引先Ａは、資金繰りが悪化しており頻繁に入金待ちを繰り返すなど、取引状態は不良です。Ａとの当座勘定取引を解約したいと考えています。どのように対応すればよいでしょうか。

37

Ａの同意を得たうえで、任意解約の方法で解約することが無難であり現実的な方法です。

解説

1 当座勘定契約の法的性質と解約の方法

当座勘定契約の法的性質は、支払委託契約と消費寄託契約の混合契約と解されています。したがって、当座勘定契約は、当事者の一方の都合でいつでも解約することができます（民法651条１項。当座勘定規定ひな型23条１項）。

また、ＪＡが、当座勘定規定ひな型23条１項により解約通知を取引先の届出住所に宛て発信した場合に、この通知が延着しまたは到達しなかった場合は、通常到達すべき時に到達したものとみなすことになっています（同規定23条２項）。

この到達したものとみなす規定を「みなし送達」の規定といいますが、民法の一般原則によれば、解約通知は取引先に到達した時に解約の効力が発生するため（民法97条１項）、取引先が行方不明などの場合は、公示送達の方法をとらなければ解約できなくなります（同法98条）。そこで、このような場合に備えて「みなし送達」の規定により有効に解約できるようにしています。なお、この場合の解約通知は、配達証明付内容証明郵便で通知し、転居先不明等により返戻された場合は、当該転居先不明郵便を当座勘定の解約関係書類とともに保管します。

2 質問の場合の解約方法

質問の場合に、当座勘定取引先Ａに対してＪＡが一方的な解約通知によって解約した場合、これにより、Ａが不渡事故の発生を余儀なくされて多額の損害を被ると、ＪＡにやむを得ない事情がない限り、ＪＡがその損害を賠償しなければならなくなります（民法651条２項）。頻繁な入金待ちなどＡの取引状態が悪いだけでは、ＪＡにやむを得ない事情があったことにはならないと考えられます。

したがって、Ａの同意を得たうえで任意解約の方法で解約することが現実的な解約方法です。

3 Ａが取引停止処分を受けた場合の解約方法

Ａにつき２回目の不渡届が提出されたときは、交換日から起算して４営業日目に取引停止処分を受けることになります。この場合、取引金融機関であるＪＡは、Ａとの当座勘定取引をこの取引停止処分日に解約しなければなりません。この場合の解約方法は、取引先の住所地に宛てて配達証明付内容証明郵便で解約通知を発信する方法で行いますが、この場合の解約の効力は、解約通知が到達した時ではなく、発信した時に発生するものと特約されています（当座勘定規定ひな型23条３項）。

4 解約に伴う取引先の義務

当座勘定契約の解約により、Ａは、未使用の手形用紙と小切手用紙をＪＡに返還しなければならないことになっています（当座勘定規定ひな型24条２項）。なお、ＪＡにはこれらの用紙を回収する義務はありませんが、未使用手形等を悪用されて第三者が被害を被ることも考えられるため、回収努力は怠らないようにすべきです。

38

【貯金の解約】

●不正口座の取引停止・強制解約と被害者救済法

Ａ名義の普通貯金口座について、警察署長の名前で口座凍結の依頼を受けました。そこで、当該口座を強制解約して別段貯金口座に移しましたが、Ａから不正口座ではないとして払戻請求がされました。どのように対応すべきでしょうか。

A 38

取引停止・強制解約措置は、「犯罪利用預金口座等に係る資金による被害回復分配金の支払等に関する法律」（以下「被害者救済法」という）３条１項に基づく正当なものであり、普通貯金規定に基づくものとしても正当であるので、ＪＡはＡの貯金払戻請求を拒むことができます。

解説

1 振込による貯金債権の帰属と被害者救済法の制定

振込依頼人から被仕向銀行の受取人口座に振込があったときは、振込依頼人と受取人の間に振込の原因となる法律関係が存在するか否かにかかわらず、受取人と銀行（被仕向銀行）の間に振込金相当の普通預金契約が成立するとされています（最判平成８・４・26民集50巻５号1267頁）。

例えば、振り込め詐欺の場合のように原因関係が存在しない場合でも、これによる貯金債権は受取人（振り込め詐欺者）に帰属することになり、支払停止措置を講じて払戻請求を阻止できたとしても、受取人の貯金債権ですから、強制解約したとしても、勝手に被害者に分配することはできません。

そこで、被害者に強制解約金等を分配できるようにするために、被害者救済法が制定されました。同法は、振り込め詐欺等の受取人貯金口座等に係る債権の消滅手続および被害回復分配金の支払手続等を定め、これにより、被害者の財産的被害の迅速な回復等が実施されることになりました。

2 不正口座の疑いがある場合の金融機関が取るべき措置

（1）被害者救済法に基づく措置

被害者救済法３条１項は、金融機関は、「捜査機関等から当該預金口座等の不正な利用に関する情報の提供があることその他の事情を勘案」して、「犯罪利用預金口座等である疑いがあると認めるとき」は、「当該預金口座等に係る取引の停止等の措置を適切に講ずるものとする」と定めています。

また、金融機関は、このような取引停止等の措置を講じた場合は、預金保険機構に対し、当該預金債権の消滅手続の開始に係る公告をすることを求めなければなりません（被害者救済法４条）。そして、預金保険機構の公告後、所定の期間内に対象預金等債権について権利行使の届出等がなく、かつ、金融機関から犯罪利用預金口座でないことが明らかになった旨の通知がないときは、当該対象預金等債権は消滅します（被害者救済法７条）。

当該対象預金等債権が消滅すると、金融機関は、消滅した預金債権の額に相当する額の金銭を原資として、振込利用犯罪行為の対象被害者に対し、被害回復分配金を支払うことになります（被害者救済法８条～17条）。

（2）全国銀行協会の事務取扱手続が定める取引の停止等の措置

なお、全国銀行協会が制定した「犯罪利用預金口座等に係る資金による被害回復分配金の支払等に係る事務取扱手続」（以下「事務取扱手続」という）は、被害者救済法３条の規定を踏まえ取引停止等の措置の実施について以下のように定めています（銀行法務21第691号20頁参照）。

次の①～④に該当する場合には、その預金口座等について、取引の停止等の措置を講ずるものとしています。また、当該口座等の名義人についての名寄せを行い、これらの口座についても必要に応じて同様の措置を実施するほか、資金移転が行われている場合には、資金移転先の預金口座等についても取引の停止等の措置を実施することとしています。

① 捜査機関等（注）から通報された場合

② 被害者から申出があり、振込が行われた事実が確認でき、ただちに取引の停止等の措置を講ずる必要がある場合

③　第三者から情報提供があった場合において、以下の(a)から(c)のいずれかまたはすべての連絡・確認を行った場合

(a)　名義人に電話連絡し、名義人本人から口座を貸与・売却した、紛失した、口座開設の覚えがないとの連絡がとれた場合。

(b)　名義人に複数回・異なる時間帯に電話連絡したが、連絡がとれなかった場合。

(c)　一定期間内に通常の生活口座取引と異なる入出金または過去の履歴と比較すると異常な入出金が発生している場合。

④　本人確認書類の偽造・変造が発覚した場合。

(注)「捜査機関等」とは、警察、弁護士会、金融庁および消費生活センターなど公的機関ならびに弁護士および認定司法書士をいう。

3　事例の場合

Ａ名義の貯金口座について、警察署長から、振り込め詐欺にかかる犯罪利用貯金口座等の疑いがあるとして口座凍結の依頼を受けたのですから、被害者救済法３条１項所定の「捜査機関等から当該預金口座等の不正な利用に関する情報の提供があることその他の事情を勘案して犯罪利用預金口座等である疑いがあると認めるとき」に該当するので、ＪＡが行った取引停止措置は正当なものと認められます。

また、普通貯金規定の「貯金が法令や公序良俗に違反する行為に利用され、又はそのおそれがあると認められる場合には、貯金取引を停止し、又は貯金者に通知することにより貯金口座を解約することができる」旨の規定にも該当しますので、この点においても取引停止やその後の強制解約は正当な措置と認められます。

したがって、貯金口座の名義人Ａが、犯罪利用貯金口座でないことを立証できない限り、ＪＡはＡの貯金払戻請求を拒むことができます（東京地判平成22・７・23金融法務事情1907号121頁）。なお、当該口座を強制解約する場合は、あらかじめ警察署長に凍結依頼を解除する予定がないことを確認すべきでしょう。

39

【貯金の解約】

●暴力団排除条項による貯金口座の強制解約（排除条項の遡及適用の可否と改正債権法）

暴力団排除条項が導入される前に開設された普通貯金口座について、その名義人Aが反社会的勢力と判明しました。Aは、暴力団排除条項が導入される前の口座であり、解約はできないはずだ。またこの口座は生活口座なので、解約されると困るとのことです。どのように対応すべきでしょうか。

A
39

暴力団排除条項の遡及適用を認めた裁判例があります。また、本件口座が社会生活を送るうえで不可欠な代替性のない生活口座であれば検討の余地はありますが、強制解約は可能と解されます。

解説

1 暴力団排除条項の有効性

暴力団排除条項については、以下のような判例があります。

市営住宅の入居者が暴力団員であることが判明した場合に、市営住宅の明け渡しを求めることができる旨の西宮市営住宅条例の規定が憲法14条1項、22条1項に反するものではないとした判例（最判平成27・3・27民集69巻2号419頁）があります。同判例は、暴力団員が市営住宅に入居し続ける場合には、他の入居者等の生活の平穏が害されるおそれを否定できないとするとともに、暴力団員は自らの意思で暴力団から脱退することができると指摘しています。

また、暴力団員が、暴力団排除条項を有する金融機関（ゆうちょ銀行）から、自己が反社会的勢力ではないことを表明、確約したうえで、新規口座開設および通帳交付を受けた事案について、詐欺罪が成立するとした判例（最決平成26・4・7刑集68巻4号715頁）では、決定文中に暴力団排除条項と同趣旨の規定の憲法適合性についての記述は見当たりませんが、その有効性については肯定しているものと考えられます。

また、暴力団排除条項を有する金融機関（信用金庫）において、会社の代表者に就任した暴力団員が、反社会的勢力ではないことを表明、確約したうえで、代表者変更に伴う通帳の切替え交付および新規口座開設に伴う通帳の新規交付を受けた事案について、いずれも詐欺罪が成立するとした裁判例（大阪高判平成25・7・2判例タイムズ1407号221頁）があります。暴力団排除条項については、正当な目的および十分な必要性が認められ、その目的を達する手段としても合理的なものといえるから、憲法22条1項をはじめとする憲法の趣旨にも適合すると判示しています。

2　暴力団排除条項の遡及適用の可否と改正債権法

（1）遡及適用の可否

この暴力団排除条項は、同条項の導入前に締結された既存の普通貯金契約等について、遡及適用することができるかという問題が指摘されており、遡及適用を実施する金融機関と遡及適用を留保する金融機関があります。

遡及適用を肯定して強制解約を有効とした裁判例としては、福岡高判平成28・10・4金融・商事判例1504号24頁（上告棄却・上告不受理決定により確定）があります。

この裁判例は、①預金契約については、定型の取引約款によりその契約関係を規律する必要性が高く、必要に応じて合理的な範囲において変更されることも契約上当然に予定されていること、②暴力団排除条項を既存の預金契約にも適用しなければ、その目的を達成することは困難であること、③暴力団排除条項を遡及的に適用されたとしても、そのことによる不利益は限定的で、かつ、預金者が暴力団等から脱退することによって不利益を回避することができること、などを総合考慮すれば、既存顧客との個別の合意がなくとも、既存の契約に変更の効力を及ぼすことができるとしています。

（2）改正債権法に基づく定型約款の変更

なお、約款条項の変更については、債権法改正に伴う改正民法が定める定型約款に規定されています。改正民法548条の4は、定型約款準備者は、一定の要件を充たしたときは、定型約款の変更をすることにより、変更後の定型約款の条項について合意があったものとみなして契約の内容を変更することができるとし、その要件として、当該変更が契約目的に反せず、変更の必要性、変更後の内容の相当性、定型約款の定めを変更することがある旨の定めの有無等の各事情に照らして合理的であること、事前に適切な方法により周知したことを挙げています。この点については、同旨の要件のもとで暴力団排除条項の遡及適用を認めた裁判例（東京地判平成28・5・18金融・商事判例1497号56頁）があります。

3 暴力団排除条項の生活口座への適用の可否

暴力団排除条項について、口座の利用等が個人の日常生活に必要な範囲内である等、反社会的勢力を不当に利するものではないと合理的に判断される場合にまで一律に適用できるかという問題があります。

（1）生活口座への適用を肯定する裁判例

この点につき、生活口座であっても暴力団排除条項の対象となり預金契約を解除することができるとした裁判例（前掲東京地判平成28・5・18）があります。この裁判例は、生活口座が反社会的勢力の活動の利用に容易に転用できること、預金口座を利用することができなくなるとしても不利益の度合いはライフラインが使用し得なくなる場合に比して大きくないこと、反社会的勢力から脱退することで不利益を回避することができることなどを指摘しています。なお、前掲の裁判例（福岡高判平成28・10・4）は、当該口座が社会生活を送るうえで不可欠な代替性のない生活口座とはいえないため、本件各預金契約を解約することが、信義則違反ないし権利の濫用に当たるとはいえないとしています。

(2)「代替性のない生活口座」と解される場合等と解約を留保した場合の継続的なモニタリング

なお、「代替性のない生活口座」と解されやすい側面がある口座としては、子供の学校関係費用の引落口座があります。これは、取扱金融機関が指定されていることのほか、口座名義人たる反社自身ではなく、自らには非のない家族（子供）の人権に関するという点が挙げられます（「暴力団排除条項の追加変更（遡及適用）による口座解約－福岡地判平成28．3．4の検討－」鈴木仁史・金融法務事情2043号6頁参照）。

これに対して、給与振込や公的年金の受入口座、クレジット代金の決済口座、公共料金・税金やマンション管理費の引落口座、などについては代替手段があるので「代替性のない生活口座」とは言い難いものと解されます。

なお、現在のところ「代替性のない生活口座」であっても、子供が学校を卒業するなどにより将来生活口座ではなくなる可能性があり、またいつ何時不正利用されるとも限らないので、解約を留保するとしても、継続的なモニタリングは行うべきですし、解約留保理由が消滅した場合や不正利用が判明した場合には、直ちに解約等の措置ができる態勢を整えておくべきです。

第3章

貯金の管理

Q40 【貯金に対する差押】

●差押債権者に対する貯金の支払

取引先Aの定期貯金につき、債権差押命令（差押債権者：X、差押債務者：A、第三債務者：JA）を受理しました。Aに対する反対債権もなく、定期貯金を差押債権者Xに支払うことに支障はありません。どのような点を確認し、どのような手続で支払えばよいでしょうか。

A40

債権差押命令が送達された場合は、その余白等に送達された日付と時刻を記入し、差押債権目録の記載から差押貯金を特定します。当該差押貯金に支払差止めの措置を行い、当座貯金や普通貯金等の流動性貯金は、差押時の残高を別段貯金に移します。支払に応じる時期は、定期貯金の満期到来後となります。

解説

1 債権差押命令送達時の取扱い

債権差押命令は、債務者（貯金者）の第三債務者（JA）に対して有する債権（貯金債権）の取立その他の処分（払戻請求や解約等）を禁止し、第三債務者（JA）に対しては、債務者（貯金者）への弁済（貯金の払戻）を禁止する裁判所の命令です（民事執行法145条1項）。差押えの効力は、差押命令が第三債務者に送達された時に発生します（同条4項）。

差押債権目録には、差押えをする貯金債権が特定できるように、「同種の貯金が数口あるときは、口座番号の若いもの（あるいは弁済期の早いもの、または金額の大きいもの）から順次差押債権額に満つるまで」などと、貯金の種類を列記して差押えの順序を付しているので、これに該当する貯金を抽出し、直ちに支払差止の措置を行います。

2 陳述の催告があった場合

裁判所は、差押債権者の申立があれば、第三債務者（ＪＡ）に対して、差押えにかかる債権（貯金債権）の有無等を陳述することを催告します（民事執行法147条1項、民事執行規則135条）。

この催告を受けた第三債務者（ＪＡ）は、差押命令送達の日から2週間以内に、通常、同封されている陳述書の項目（差押えにかかる債権の存否、差押債権の種類および額、弁済の意思の有無、弁済する範囲または弁済しない理由、など）に記入して、裁判所に返信しなければなりません。

なお、この義務は訴訟法上の義務であり、第三債務者がこの義務を怠り、あるいは「弁済の意思がある」などと誤った陳述をした場合でも、相殺権の行使など実体法上の権利までをも失うものではないと解されています（東京地判昭和48・6・18）。ただし、第三債務者が故意または過失によって陳述を行わず、陳述を遅滞し、または虚偽の陳述をしたために差押債権者が損害を受けたときは、損害賠償責任を負うことがあります（民事執行法147条2項）。

3 支払時の確認事項

差押債務者（貯金者）に差押命令が送達されてから1週間経過すると、差押債権者に差押債権の取立権が発生します（民事執行法155条1項）。差押債権者が差押貯金の取立のために来店した場合は、以下の点を確認します。

- 差押命令は有効適法か……差押命令の表示から、貯金者、貯金の種類、数種の貯金または同種の貯金が数口あるときは、その差し押える順序が確定できるか、つまり、被差押貯金を特定できるかを確認します。
- 相殺の適否……貸付債権がある場合、被差押貯金を相殺すべきか否か、つまり、取立を拒否すべきか否かを確認します。
- 差押債権者の取立権……差押命令が貯金者に送達されてから1週間経過していることを確認します。

・貯金の弁済期……満期未到来であれば取立には応じられません。
・執行停止決定通知等……この通知等がある場合、取立権の行使を停止されているため、取立には応じられません。
・差押の競合……差押の競合の場合は、被差押貯金を供託しなければなりません（民事執行法156条２項）。供託をした場合には、供託書正本を添付して事情届を当該裁判所に提出します（同条３項、民事執行規則138条）。
・支払金額……支払金額は、差押命令に記載の請求金額と執行費用の合計額の範囲内に限られます。

4 支払時の徴求書類

差押命令の場合は、次の書類を徴求します。

・裁判所発行の送達証明書……債務者（貯金者）に差押命令が送達されてから１週間経過し、差押債権者に取立権が付与されたことを確認します。
・差押債権者の印鑑証明書等……法人の場合は、このほかに資格証明書が必要です。また、代理人に支払う場合は、差押債権者の代理人への委任状と代理人の印鑑証明書が必要です。当然のことながら。差押債権者の本人確認は必要であり、運転免許証等の公的証明書の提示を求めるなど、細心の注意を払って確認を行います。
・取立金の領収書……転付命令の場合は、差押命令の場合に準じますが、先行の仮差押、差押、配当要求のないこと、および確定証明書の提出を受け（送達証明書は不要）転付命令が確定していることを確認します。なお、定期貯金の期日が未到来であれば、満期到来時まで支払は留保します。満期到来後に支払う場合は、原則として現金払ではなく、差押債権者名義の貯金口座への振込により支払います。そして、支払完了後、裁判所に対し支払届を提出します。

41　【貯金に対する差押】

●差押・転付命令送達後の元の貯金者への払戻

差押・転付命令の送達を受けたのですが、被転付貯金を元の貯金者に払い戻してしまいました。ＪＡの責任はどうなりますか。

A 41

差押・転付命令が確定すると貯金債権の帰属は転付債権者となり、元の貯金者に対する支払は無効ですから、ＪＡは転付債権者に対して二重支払の責めを負うことになります。この場合、元の貯金者に対しては、不当利得として返還請求することは可能です。

解説

1　差押・転付命令が確定するとＪＡは二重支払の責めを負う

差押・転付命令は、第三債務者であるＪＡと債務者である貯金者の双方に送達され（民事執行法159条2項）、債務者である貯金者に送達されてから1週間（執行抗告期間。同法10条2項）を経過すると確定し、確定によって差押・転付命令の効力を生じ（同法159条5項）、被転付債権はその券面額で差押・転付命令が第三債務者であるＪＡに送達された時に遡って弁済されたものとみなされます（同法160条）。

このような仕組みを質問に適用すると、ＪＡに差押・転付命令が送達されているのに、それを失念して貯金者に払い戻してしまったわけですから、このままこの差押・転付命令が確定すると、ＪＡに送達された時をもってこの貯金は転付権者に移転したことになるので、転付権者の貯金を元の貯金者に誤って払い戻してしまったことになります。

そうすると、この払戻は無効ですから、後に転付権者から払戻を求められたときは、ＪＡは二重支払の責めを負うことになります。

❷ 元の貯金者に対しては、不当利得による返還請求は可能

ただし、ＪＡは貯金者に対しては「不当利得」による返還請求が可能ですから（民法703条・704条）、これにより取り戻すことになります。

しかし、貯金者が無資力のため支払えない場合は、事実上、ＪＡの二重支払となります。

42 【貯金に対する差押】

●滞納処分による差押通知書が送付された場合

滞納処分により貯金者Aの普通貯金が差し押えられ、当日収納処理をしましたが、ＪＡとしてはAに通知すべきでしょうか。

A 42

徴収職員は差し押えた貯金を直ちに取り立てる権限があるので、差し押えられた貯金が普通貯金等期限の定めのない債権の場合は、払戻請求者が徴収職員であることを確認したうえで直ちに取立に応じる義務があります。また、ＪＡにはAに対する通知義務はありませんが、Aは、差押えがあったことや取り立てられたことについては、税務署から交付される差押調書の謄本等でその事実を知ることになります。

解説

1 滞納処分による差押の効力の発生

貯金債権についての滞納処分による差押は、第三債務者（ＪＡ）に対する「債権差押通知書」の送付によって行われ、この通知書が第三債務者（ＪＡ）に送達された時に差押の効力が発生します（国税徴収法62条1項・3項）。なお、この送達は、必ずしも特別送達郵便に限らず、徴収職員がＪＡへ通知書を持参し、または貯金の調査中ないし終了後に差押通知書を作成・交付することによっても行うことができます。

2 徴収職員の取立権限と取立の効果

徴収職員は、差し押えた貯金債権を直ちに取り立てる権限があります（国税徴収法67条1項）。したがって、差し押えられた貯金が普通貯金等期限の定めのない債権の場合は、徴収職員が取立権を行使した時に、ＪＡは直ちに取立に応じる義務があります。また、差し押えた貯金債権を徴収職員が取り立てると、取り立てた限度において税は徴収されたことになります（同法67条1項・3項）。

3 支払時の確認事項等

徴収職員は、ＪＡの請求があった場合は、国税収納官吏章または歳入歳出外現金出納官吏章を提示する義務があるので（国税徴収法施行規則2条4項）、これにより払戻請求者などが徴収職員になりすましていないかを確認します。また、徴収職員が所属する税務署に電話等で確認すれば、より確実に本人確認ができます。

また、貯金者に対する貸出債権等の反対債権がある場合は、差し押えられた貯金債権との相殺ができるので、支払を行う前に必ずこのような反対債権の有無を確認します。

4 貯金者への通知と改正債権法

貯金に差押等があった場合は、受寄者（ＪＡ）は寄託者（貯金者）へ通知しなければなりませんが（民法660条）、貯金者がその事実を知っている場合は、通知義務はありません（通説）。なお、2020年4月1日に施行予定の改正債権法は、貯金者が差押等の事実を知っている場合は、通知義務がないことを明記しました（改正民法660条1項但し書き）。

この点、徴収職員は、滞納者（貯金者）の財産を差し押えたときは、差押調書を作成し、その財産が動産や有価証券あるいは貯金等の債権の場合は、差押調書の謄本を滞納者に交付しなければならないことになっています（国税徴収法54条）。貯金者（滞納者）は、これにより差押等の事実を知ることになるので、貯金に差押等があった旨の通知は不要と考えられます。

ただし、差し押えられた貯金が公共料金等の自動振替口座となっていたり、借入金の自動返済口座等となっている場合は、口座の凍結により自動引落等ができなくなるおそれがあるため、その旨を貯金者に通知することが実務上望ましいと考えられます。

43

【貯金に対する差押】

●自動継続定期貯金に対する仮差押

自動継続定期貯金に対して仮差押がされました。定期貯金の満期が到来した場合、自動継続の手続は停止すべきでしょうか。

43

判例によれば、仮差押が執行されても、自動継続特約に基づく継続の効果は妨げられないので、仮差押を理由に自動継続を停止することは許されません。

解説

1 自動継続特約の性質と仮差押の効力

自動継続定期預金の自動継続特約の性質について、判例（最判平成13・3・16金融・商事判例1118号3頁）は、自動継続特約は、預金者から満期日における払戻請求がされない限り、当事者の何らの行為を要せずに、満期日において払い戻すべき元金または元利金について、前回と同一の預入期間、定期預金を継続させることを内容とするものであり、預入期間の合意として、当初の定期預金契約の一部を構成するものであるとしています。

したがって、質問のように自動継続特約付の定期貯金に対し、仮差押が執行されたとしても、同特約に基づく自動継続の効果が妨げられることはありません。

2 自動継続定期貯金が仮差押された場合の対応

前掲最高裁判決に従えば、自動継続定期貯金に対して仮差押が執行されたとしても、ＪＡは、仮差押があったことを理由に自動継続を停止することはできません。したがって、仮差押後も当初の特約に従って自動継続処理をしなければなりません。

3 仮差押債権者が当該貯金を差し押えて取立権を行使してきた場合

仮差押債権者が確定判決等の債務名義を得て、仮差押済の当該貯金につき差押手続を行い、取立権を行使してきた場合は、次の満期日の到来後に払戻に応じるのが適当と考えられます。

なお、仮差押手続を経ないで差押命令や差押・転付命令が送達された場合に、差押債権者や差押・転付債権者から取立権等の行使がされる前に満期日が到来した場合についても、満期到来時に自動継続手続を行わざるを得ないものと考えられます。

そして、取立権等を行使された場合は、次の満期日の到来後に払戻に応じるのが適当と考えられます。滞納処分による差押の場合も同様に対応すればよいと考えられます。

44 【貯金に対する差押】

●年金等受取口座の貯金に対する差押と相殺

取引先Aの普通貯金口座（年金の受取口座）に対して差押命令（差押債権者：X、債務者：A、第三債務者：JA）が送達されました。どのように対応すればよいでしょうか。また、給与振込口座となっており、Aの勤務先Y社から振り込まれた給与を原資とする貯金が差し押えられた場合はどうでしょうか。また、Aに対する貸金と相殺できるでしょうか。

A 44

年金や給与等は差押禁止債権ですが、その資金が受取口座に振り込まれて貯金債権となった場合は、これを有効に差押ができます（判例）。したがって、一般の貯金への差押の場合と同様に対応します。また、原則としてAに対する貸金と相殺することができます。

解説

1 年金受給権や給与債権等の差押禁止と相殺禁止

厚生年金・国民年金・労災保険金等の受給権については、原則として、これを譲渡し、担保に供し、または差し押えることが禁止され（厚生年金保険法41条1項、国民年金法24条、労働者災害補償保険法12条の5第2項ほか）、また、給料や退職金等についても、給付の4分の3に相当する部分は、差押が禁止されています（民事執行法152条）。

このような各差押禁止規定の目的は、年金受給者や給与所得者等の生活保持の観点にありますが、これら差押を禁止された債権については、これを受働債権とする相殺も認められていません（民法510条）。

② 年金等受入口座の差押の可否

法令等によって差押が禁止されているのは、年金受給者の国等に対する受給権であり、あるいは給与所得者の勤務先に対する給与債権です。しかし、質問の場合の差し押えられた債権は、これらの差押禁止債権ではありません。国や勤務先等から年金等が受給者等の受取口座に振り込まれて貯金となり、この年金受給者等の取引金融機関に対する貯金債権が差し押えられたのであり、この場合も、なお当該貯金債権の差押が禁止されるのかどうかが問題となるわけです。

東京高裁平成4年2月5日判決（金融法務事情1334号33頁）は、差押禁止債権である厚生年金および国家公務員共済年金の給付であっても、いったんそれが受給者の預金口座に振り込まれた場合は、その預金の全額を差し押えることができるとし、差押を肯定しています。

その理由は、①年金が預金口座に振り込まれると、その法的性質は銀行に対する預金債権に変わること、②預金債権差押の執行裁判所は、債務者および第三債務者を審尋することができない（民事執行法145条2項）から、当該預金の原資を知ることははなはだ困難であること、③差押禁止債権の範囲の変更（民事執行法153条1項）の申立がない段階で、預金の中身を考慮して差押の当否や範囲を制限するのは相当ではないことを挙げています。

そして、受給者の救済としては、差押禁止債権の範囲の変更の申立によるべきだとしています。

なお、差押を否定する裁判例（東京地判平成15・5・28金融・商事判例1190号54頁）がありますが、同判決は、預貯金口座の振込によっても、年金受給権者の一般財産から識別・特定することが可能であったと認定されている場合であること、民事執行法上の救済措置については、いわゆる差押債権の範囲変更の申立を行い、その命令を得たが、すでに差押債権者が取立を完了していた場合であることなどを考慮した判断ですから、その基調においては、前記東京高裁平成4年2月5日判決と必ずしも矛盾するものではないと解されます。

また、東京高裁平成22年6月29日判決（金融法務事情1912号100頁）は、差押債務者が差押禁止債権の範囲変更の申立（民事執行法153条）をしたときは、預金の原資が年金給付であると認められる以上、差押債務者において他に生計を維持する財産や手段があるなど差押命令の取消を不当とする特段の事情のない限り、差押命令は取り消されるべきであるとしています。

3 年金等受取口座を受働債権とする相殺の可否

年金等が振り込まれた預金を受働債権とする相殺の可否について争われた事案があります。すなわち、最高裁平成10年2月10日判決（金融・商事判例1056号6頁）は、国民年金および労災保険金の預金口座への振込に係る預金債権は、原則として差押禁止債権としての属性を承継するものではなく、金融機関が預金者に対して有する債権を自働債権とし、本預金債権を受働債権とする相殺が許されないとはいえないとしています。

その理由については、まず、年金等の受給権が差押等を禁止されているとしても、その給付金が受給者の預金口座に振り込まれると、それは受給者の当該金融機関に対する預金債権に転化し、受給者の一般財産になると解すべきであるとし、また、指定預金口座に振り込まれることによって年金等の受給権は消滅し、同時に預金債権が形成され、口座開設者たる年金受給権者は年金取扱金融機関に対して預金の払戻請求権を有するためとしています。

また、年金等の差押禁止給付については、それらが受給者の預金口座に振り込まれた場合においても、受給者の生活保持の見地から差押禁止の趣旨は尊重されるべきであるが、普通預金口座には差押禁止債権についての振込以外のものも存在するので、年金等は普通預金口座に振り込まれると受給者の一般財産に混入し、年金等としては識別できなくなり、これらの差押を禁止すると取引秩序に大きな混乱を招くおそれがあるためとしています。

45

【貯金に対する差押】

●差押の競合と対応

取引先Ａの貯金に対して、差押命令（債権者：Ｘ、債務者：Ａ、第三債務者：ＪＡ）が送達され、さらに他の債権者による差押がされました。どのように対応すればよいでしょうか。また、その差押が転付命令や滞納処分などであった場合はどうでしょうか。

45

差押の競合とならない場合は、取立権を有する各差押債権者に支払うか、あるいは供託することができます。また、差押の競合となる場合は、差し押えられた貯金全額を供託しなければなりません。

解説

1 差押の競合等

同一貯金が二重に差し押えられても、各差押額の合計が貯金額を超えなければ差押の競合とはなりません。競合でない場合は、取立権(注)を取得した各差押債権者に支払うか、あるいは差し押えられた貯金全額を法務局の供託所に供託することができ（民事執行法156条１項）、この供託を権利供託といいます。ただし、貯金の弁済期が未到来の場合は、弁済期が到来するのを待って支払うか、あるいは供託します。

しかし、各差押債権の合計額が貯金額を超えるときは、差押の競合となるので、ＪＡは貯金全額を供託しなければなりません（同条２項。義務供託）。供託したＪＡは、執行裁判所に事情届の提出を要しますが（同条３項）、この場合も、貯金の弁済期の到来後に供託します。

（注）債権差押命令が債務者（貯金者）に送達された日から１週間経過したときは、取立権が発生し、差押債権者は、その差押債権を取り立てることがで

きる。取立権が発生したことは、裁判所の送達証明書で確認することができる。

2 配当要求による競合

債務名義（民事執行法22条）を有する債権者は、先の差押手続に対して二重差押のほか、配当要求もできます（同法154条）。配当要求の通知はＪＡに送達されますが、ＪＡは、差し押えられた貯金部分に相当する金銭を供託しなければなりません（同法156条２項）。

3 差押・転付命令との関係

差押・転付命令がＪＡに送達された時までに、他の債権者による（仮）差押が送達されているときは、その転付命令は効力を生じません（民事執行法159条３項）。滞納処分による差押が先行している場合も同様です（滞納処分と強制執行等との手続の調整に関する法律（以下「滞調法」という）36条の５）。ただし、差押命令の効力は生じます。

4 滞納処分による差押との競合

一般の民事執行法による差押と国税徴収法による差押とが競合したときは、滞調法の定めによります。

例えば、一般の差押が先行した場合は、ＪＡは、いずれの債権者にも支払えず、差し押えられた貯金全額を供託しなければなりません（滞調法36条の６）。

これに対して、滞納処分による差押が先行した場合は、ＪＡは徴収職員に支払うか、あるいは、その貯金全額を供託することができます（同法20条の５・20条の６）。

なお、滞納処分による差押と一般の仮差押とが競合した場合には、その先後を問わず、ＪＡは徴収職員に差押を受けた貯金を支払ってもよいのですが、その貯金全額を供託することもできます（同法20条の９・36条の12・20条の６）。

Q 46 【貯金者の倒産】

●受任通知後に振込があった場合

取引先Ａ（給与所得者）について、弁護士名での破産手続準備中である旨の受任通知を受理しました。その後に給与振込がありましたが、Ａに対するカードローンを理由に払戻を拒否できるでしょうか。

A 46

受任通知は支払停止に当たるので、その後の振込金のカードローンへの充当や相殺は、破産法上禁止されています。したがって、当該給与の払戻請求に応じざるを得ないものと考えられます。

解説

1 受任通知と支払停止

給与所得者が債務整理を弁護士に委任した旨や、弁済交渉等の中止を求める旨が記載された受任通知は、自己破産準備中の旨が明示されていなくても、破産法162条1項1号イおよび3項にいう「支払の停止」に当たります(最判平成24・10・19金融・商事判例1406号26頁)。

2 Ａによる払戻請求

受任通知後（支払停止後）の給与振込によるＡの貯金債権と、Ａに対するカードローン等の反対債権との相殺は、破産法上禁止されています（同法71条)。したがって、Ａから当該貯金の払戻請求があった場合、これに応じざるを得ないものと考えられます（札幌地判平成6・7・18金融法務事情1446号45頁)。

なお、Ａにつき破産手続開始決定があった後は、破産管財人に管理処分権限が移りますので、破産者Ａによる払戻請求には応じられません。

47

【貯金者の倒産】

●破産手続開始決定後に普通貯金口座に振込があった場合

貯金者Aにつき破産手続開始決定後、A名義の普通貯金口座に振込がありました。その後、Aから払戻請求がありましたが、これに応じてもよいでしょうか。

47

破産者Aの自由財産と認められない限り、破産者Aに払い戻すことはできません。

解説

1 破産財団の組成財産と管理・処分権限

破産者が破産手続開始決定前に貯金者Aが自ら有していた財産であっても、破産手続開始決定後は、その財産を対象として破産財団が組成され、裁判所によって選任された破産管財人が財団の管理・処分に当たります（破産法78条1項)。つまり、破産者Aの貯金は破産財団の組成財産となり、破産者Aには管理・処分権がありません。したがって、破産者Aの自由財産と認められない限り、破産管財人に払い戻すことになります。

2 払戻手続

破産管財人に対する払戻の方法は、通帳・届出印の押印された払戻請求書によって現金払するのが原則です。その際、運転免許証等で破産管財人かどうかの本人確認をすべきです。また、通帳や届出印を紛失している場合は、破産者Aの貯金であるかどうかを十分確認して、破産管財人からは紛失の届出（事情等も記載されたもの）を提出させて応じるべきです。

【貯金者の倒産】

●破産手続開始決定後に当座貯金口座に振込があった場合

当座勘定取引先のAが破産手続開始決定を受けた後、当座貯金口座に振込があった場合、どのように対応すべきでしょうか。

破産手続開始決定を受けたことを知った時点で、当座貯金口座を閉鎖します。当該口座に振込があった場合は、「該当口座なし」を理由に仕向銀行に返金します。手形・小切手が支払呈示された場合は、0号不渡事由により返還します。

解説

当座勘定取引契約は、消費寄託契約と支払委託契約の混合契約と解されています。特に当座勘定取引の特色である手形・小切手の支払委託は委任（正確には準委任）と解されますから、契約の当事者が死亡したり、破産手続開始決定を受けると、支払委託契約は当然に終了します（民法653条）。

したがって、当座取引先が破産手続開始決定を受けたことをＪＡが知った場合は、その時点で当座貯金口座を解約処理して閉鎖し、残金については別段貯金にて預かります。そして、後日、破産管財人の払戻請求に応じて支払うことになります。

また、当該口座へ振込があった場合は、「該当口座なし」を理由に、仕向銀行に返金することになります。

破産者振出（引受）に係る手形・小切手が支払呈示されたときは、破産手続開始決定を事由に不渡返還しますが、手形交換所規則上は0号不渡事由であり、不渡届は提出しません（手形交換所規則施行細則77条1項1号(2)イ(ア)）。

49

【貯金者の倒産】

●破産管財人名義の貯金の払戻

破産管財人が、破産管財人名義普通貯金（破産財団を管理するための口座）のうち、200万円を払い戻すため来店しました。このまま応じてもよいでしょうか。

49

破産管財人口座の貯金払戻については、通常の払戻手続に従って払い戻すことで差支えありません。

解説

1 破産管財人口座とは

破産手続開始後、破産管財人が「破産者○○○○破産管財人○○○○」とする破産財団を管理するための普通貯金口座を開設し、以後の管財実務に使用することがあります。同口座には、破産財団の資産処分等による代わり金が管財人によって集められ、破産配当等の支払に充てられるまで滞留するので、ＪＡにとっては低コストの資金メリットが得られます。

2 破産管財人口座の払戻と裁判所の許可

かつて、前記口座の管理処分を破産管財人に一任すると不正の余地もあることから、高額の出金については原則として裁判所の許可を必要としていましたが、現在では、裁判所の許可は不要となりました。

以上のように、破産管財人口座は破産財団の資産処分等による代わり金を管理するための口座であり、破産配当等のために払い戻されることになりますが、特に不審な点がない限り、通常の払戻手続にのっとって払い戻すことで差支えありません。

【貯金者の倒産】

●貯金者が民事再生手続開始決定を受けた場合

貯金取引先Aが民事再生手続開始決定を受けました。貯金の支払はどうすればよいでしょうか。

A
50

原則として、Aに貯金の支払を行えばよいのですが、監督委員が選任された場合は、監督委員の同意を要する行為となっていないかを確認すべきです。

解説

1 民事再生手続開始決定と貯金の管理・処分権限

民事再生手続開始決定後も、再生債務者は、その業務を遂行する権利および財産の管理・処分権限を原則として失いません（民事再生法38条1項）。したがって、Aに対して貯金を支払えばよいのです。この点は、これらの権利が管財人に移行する破産手続とは異なっています。

なお、再生手続が開始された場合には、再生債務者であるAは、債権者に対し、公平かつ誠実に業務を遂行し財産を管理処分する義務を負担します（民事再生法38条2項）。

2 監督委員が選任された場合

Aの行為を監督するべく監督委員が選任された場合は、監督委員の同意を得なければならない行為が指定され（民事再生法54条2項）、指定行為を監督委員の同意なくAが行うと無効となります（同条4項）。そこで、金融機関取引等について指定行為がないかどうかをチェックして、貯金の支払等が指定行為となっていないことを確認することが必要です。

51

【貯金者の倒産】

●当座勘定取引先が民事再生手続開始申立に伴う保全処分のコピーを持参してきた場合

民事再生手続開始の申立をした当座勘定取引先Aが、保全処分のコピーを持参しました。今後支払呈示される手形・小切手は、どう扱ったらいいでしょうか。

A
51

手形・小切手の支払委託の取消があったものとして、以後、手形・小切手を不渡返還することになります。ただし、「民事再生法による財産保全処分中」という不渡事由で不渡返還しますが、0号不渡事由であり、不渡届は提出しないよう注意が必要です。

解説

1 再生手続申立時の保全処分の申立

民事再生手続開始の申立があった場合、再生手続が開始されるまでの間に債務者の財産が散逸したり、処分されたりすることがあります。そうなると、再生手続開始後、債務者の再建に支障をきたすことになりますし、処分の内容によっては特定の債権者が利益を受けることにもなります。

このような不合理を防止するべく、再生手続申立時に財産の保全を目的として保全処分が申し立てられるのが常です。

2 保全処分の内容と手形・小切手の不渡返還手続

保全処分がなされると、積極財産の処分禁止はもとより、消極財産の弁済も禁止されます。そこで、当座勘定取引先が保全処分のコピーを金融機関に持参する以上、自分が振り出した手形・小切手の支払を差し止めることが目的といえます。

このコピーを金融機関が受理すれば、その時点で手形・小切手の支払委託の取消があったものとして、以後、手形・小切手を不渡返還することになりますが、その場合の不渡事由は「民事再生法による財産保全処分中」ということにします（手形交換所施行細則77条1項1号(2)ア(オ)）。この場合は0号不渡事由ですから、不渡届は不要となり、不渡処分を受けることはありません。

52 【貯金の相続】

●貯金取引先の死亡と胎児の権利能力

貯金取引先Aが死亡しました。相続人は、配偶者Bと長男Cですが、Bは近日中に出産の予定です。胎児の相続はどうなりますか。

A 52

被相続人Aは、死亡と同時に権利能力を失い、同時に相続人BおよびCと相続開始によって権利能力を取得した胎児がA名義の貯金債権を相続します。

解説

1 自然人の権利能力と相続

（1）被相続人は死亡によって権利義務を失い、同時に相続人が当該権利義務を承継する

被相続人は、死亡の時に私法上の権利・義務の主体となる資格（権利能力）を失い、相続人は、被相続人の死亡と同時に、被相続人の財産に属した一身専属権以外の一切の権利・義務（貯金債権や所有権等の権利ならびに借入債務や保証債務等の義務）を承継します（民法896条）。

（2）胎児と外国人の権利能力

自然人については、出生と同時に、私法上の権利・義務の主体となる資格（権利能力）を取得するので（民法３条１項）、胎児は被相続人の権利・義務を承継することはできません。ただし、胎児は、相続（同法886条）や受遺（同法965条）、損害賠償請求（同法721条）については、すでに生まれたものとみなされるので（ただし、相続・受遺については死産の場合は適用されない）、相続開始に伴い権利・義務の主体となる資格（権利能力）が与えられます。

なお、外国人も邦人と同様に権利能力を有しますが、知的財産権の享有に関する制限など一定の制約があります（民法３条２項、特許法25条など）。

2 貯金取引との関係

（1）貯金取引先の相続開始と相続人の権利能力

質問のように、貯金取引先Ａが死亡して相続が開始した場合、権利能力を有している相続人ＢおよびＣのほか、相続開始と同時に権利能力を取得した胎児は、被相続人Ａの死亡と同時に、Ａの貯金債権を承継します（民法882条・886条・896条）。

（2）相続人の意思能力（事理弁識能力）と取引の相手方

質問のように、相続の開始によって、貯金債権の承継人である相続人が胎児などの意思能力（事理弁識能力）のない者となった場合、貯金取引をどのように行えばよいのかが問題となります。

胎児が相続人となった場合は、出生後にその法定代理人（０歳児の親権者または未成年後見人）を取引の相手方として相続貯金の承継手続を行います。ただし、親権者等と未成年者との利益相反行為となる場合は、未成年者のために選任された特別代理人が取引の相手方となります。また、相続人が成年者であっても意思能力がない場合は、当該成年者のために申立により家庭裁判所で選任された成年後見人を取引の相手方として対応します。

53 【貯金の相続】

●相続の事実を知らずに払戻に応じた場合

貯金者Ａの配偶者Ｂが、Ａの貯金通帳と届出印を持参して来店し、普通貯金 150 万円の払戻をしました。ところが、翌日、Ａが当日に死亡していたことが判明しました。相続人は、Ｂと子Ｃ・Ｄです。当該払戻の効力はどうなるのでしょうか。

A 53

Ａの死亡を知らなかったことに過失がなければ、Ｂへの支払が債権の準占有者に対する支払として、その効力が認められます。しかし、過失があった場合は、他の相続人等への二重支払を余儀なくされるおそれがあります。

解説

1 Ａの死亡を知らないことに過失がなかった場合

Ａの遺言がない場合、Ａの普通貯金 150 万円は、Ａの死亡と同時に相続人Ｂ・Ｃ・Ｄが各法定相続分に応じて準共有します（Ｑ 54 参照）。したがって、Ｂの法定相続分２分の１を超える部分（ＣおよびＤの法定相続分）については、Ｂは無権限で払戻請求をしたことになります。

ＪＡは、Ａの死亡を知らず、ＢがＡの普通貯金 150 万円の法定相続分２分の１を超える部分につき払戻権限がないことを知らないため、150 万円全額の払戻に応じたわけです。

Ａの死亡を知らないことにつきＪＡに過失がなかった場合は、ＪＡは、このＢの無権限による払戻部分につき、民法 478 条（債権の準占有者に対する弁済）の適用によって、当該払戻は有効となります。

2 Ａの死亡を知らないことにつき過失等がある場合

質問の場合、例えば、ＪＡの渉外係員が、午前 10 時頃にＡを訪問してＡ

の死亡を知ったにもかかわらず、直ちに貯金課長等へ連絡することを怠ったため、その日の正午頃に、何も知らない窓口係員が配偶者Ｂに相続貯金を払い戻したとします。この場合は、ＪＡは、午前10時頃にＡの死亡を知った後にＢに払い戻したことになるため、Ｂの法定相続分である２分の１を超える部分の払戻については過失責任を問われ、他の相続人ＣおよびＤに対する二重支払を余儀なくされるおそれがあります。また、例えば他の相続人Ｃに相続貯金全部を相続させる旨の遺言があった場合は、相続貯金150万円全額についてＣに対する二重支払を余儀なくされるおそれがあります。

54

【貯金の相続】

●貯金者の死亡を知った場合の対応

涉外係員Xが貯金者Aを訪問したところ、Aの妻Bから、Aが昨夜死亡したことを告げられました。Bによると、相続人は、配偶者Bおよび子C・Dということです。Xはどのように対応すべきでしょうか。

A
54

直ちに貯金課長等に連絡し、A死亡のシステム登録を行い、オンライン等による支払禁止措置を行うことが必要です。さらに、Aとの他店舗での取引の有無を調査し、取引が判明した場合も同様の措置をとります。また、Aの死亡時等の事実確認と書面による死亡届出の受理・遺言の有無・法定相続人の調査確認等が必要です。

解説

1 貯金者の死亡と同時に貯金者は相続人等となる

相続は、Aの死亡によって開始し（民法882条）、相続人B・C・Dは、相続開始の時から、被相続人Aの財産に属した一切の権利義務（ただし、Aの一身に専属したものを除く）を承継します（同法896条）。そして、Aの遺言が存在しない場合は、Aの相続人B・C・DがAの相続貯金につき法定相続分に応じて準共有（注）することになります。

（注）預貯金債権の相続について、最高裁大法廷平成28年12月19日決定（金融・商事判例1508号10頁）は、従前の判例を変更し、普通貯金債権、通常貯金債権および定期貯金債権は、いずれも相続開始と同時に当然に分割されることはなく、遺産分割の対象となると判示した。また、最高裁平成29年4月6日判決（金融・商事判例1521号8頁）は、前掲最高裁大法廷決定を引用し、共同相続された信用金庫の普通預金債権と定期預金債権および定期積金債権は、いずれも、相続開始と同時に当然に相続分に応じて分割され

ることはないと判示した。

2 支払停止措置の理由

しかしながら、Aが死亡したことを告げられた時点では、ＪＡとしては、誰がAの貯金を相続したのかわかりません。一方で、ＪＡは、Aの貯金を相続したのは誰なのか、つまり、真の貯金者が誰なのか不明な段階で、貯金証書と届出印を持参した者に対して払戻をするわけにはいきません。もしも、この段階で払戻に応じてしまうと、ＪＡは二重支払を余儀なくされるおそれがあります。これが、相続貯金について支払停止措置をとる理由です。

3 支払停止措置後の相続貯金の承継者の確認

支払停止措置の次にＪＡがとるべき対応は、Aがいつ死亡したのかなどの事実確認のほか、Aの相続貯金の承継者は誰なのかを確認することです。

例えば、Aの法定相続人は誰なのかを戸籍謄本等によって確認するとともに、貯金の相続は法定相続によるのか、遺産分割協議によるのか、あるいは遺言はあるのかなどを確認して、相続貯金の権利者を確認しなければなりません。それらが判明するまでの間は払戻に応じることはできないし、応じるべきではありません。

なお、遺言は、遺言者Aの死亡の時からその効力を生じます（民法985条１項）。したがって、例えば「ＪＡの貯金はCに相続させる」という遺言がある場合は、Aが死亡した時点で貯金者はCになったことになります。この場合は、遺言の有効性が確認できるまでは払戻に応じることはできません。

55

【貯金の相続】

●共同相続人の１人による法定相続分の払戻請求（遺産分割協議前の払戻）と改正相続法の仮払い制度

貯金者Ａが死亡し、相続が開始しました。相続人はＡの子Ｂ・Ｃ・Ｄの３人ですが、Ｂから、その法定相続分について払戻請求がされました。他の相続人ＣおよびＤは、当該相続貯金を遺産分割の対象としようと考えているのでＢの払戻請求には応じないでほしいとのことです。どのように対応すればよいでしょうか。

55

Ａの相続貯金は、その相続開始と同時に相続人Ｂ・Ｃ・Ｄの各法定相続分に応じて当然には分割されず、遺産分割の対象となります。したがって、他の相続人Ｃ・Ｄの同意が得られない限り分割払戻に応じることはできません。

解説

1　相続開始と貯金債権の相続

（1）可分債権は遺産分割審判の対象から除外

可分債権の相続について判例は、「相続財産中に金銭その他の可分債権があるときは、その債権は法律上当然に分割され各共同相続人がその相続分に応じて権利を承継する」（最判昭和29・4・8民集8巻4号819頁）としています。

そして、家庭裁判所の遺産分割審判においては、可分債権はその審判の対象から除外されています。これは、可分債権は、相続開始と同時にすでに分割されているため、さらに遺産分割の対象とする必要はなく、不可分債権や不動産などの分割されていない相続財産のみを遺産分割の審判の対象とすればよいとされているためです。

（2）預貯金債権の相続に関する従来の判例と審判手続

従来は、預貯金債権は可分債権と解され、その相続について判例（最判平成16・4・20金融・商事判例1205号55頁）は、「相続財産中に可分債権があるときは、その債権は、相続開始と同時に当然に相続分に応じて分割されて各共同相続人の分割単独債権となり、共有関係に立つものではない」としていました。

このようなことから、家庭裁判所の遺産分割審判においても、預貯金債権は可分債権であるとして、遺産分割の審判の対象から除外されていました。

（3）預貯金債権の相続に関する最高裁大法廷決定等

①　最高裁大法廷平成28年12月19日決定

しかし、最高裁大法廷平成28年12月19日決定（金融・商事判例1510号37頁。以下「最高裁大法廷決定」という）は、預貯金債権を可分債権とする前掲最判平成16・4・20を変更し、銀行の普通預金債権、ゆうちょ銀行の通常貯金債権および定期貯金債権については、いずれも相続開始と同時に当然に分割されることはなく（つまり不可分債権であるとして）、家庭裁判所の遺産分割審判の対象となると判示しました。

②　最高裁平成29年4月6日判決

また、最高裁平成29年4月6日判決（金融・商事判例1521号8頁）は、最高裁大法廷決定を引用し、共同相続された信用金庫の普通預金債権と定期預金債権および定期積金債権は、いずれも、相続開始と同時に当然に相続分に応じて分割されることはないと判示しました。この判決により、信用金庫等の普通預金や定期預金、定期積金等の預貯金についても、相続開始と同時に当然に分割されることはなく、家庭裁判所の遺産分割審判の対象となることが明らかとなりました。

2　相続人の１人による法定相続分の払戻請求

質問のＡの共同相続人Ｂ・Ｃ・Ｄは、Ａの相続開始と同時にその貯金債権について法定相続分に応じてその共有持分を準共有することになります。また、前掲最高裁大法廷決定等により、当然に分割されることはないので、各自単独でその共有持分の払戻を請求することはできません。ＪＡがＢによる法定相続分の払戻請求に応じるためには、他の共同相続人ＣおよびＤの同意を得ることが不可欠となります。

3 改正相続法の預貯金債権の仮払い制度

改正相続法は、預貯金債権の仮払い制度を設けました。今回の改正で、相続開始時の被相続人の貯金の３分の１に各共同相続人の法定相続分を乗じた額までは他の共同相続人の同意を得ずに単独で払戻ができることになりました（改正民法909条の２前段）。

ただし、仮払い金額を上記金額に限定しても貯金が多額であれば仮払い金額も高額となるため、法務省令によって仮払いの上限額は150万円とされています。この上限額は債務者（ＪＡ等金融機関）ごとの金額であるため、例えば、被相続人Ａの預貯金がＪＡ 1,800万円、Ｘ銀行900万円の場合、共同相続人（Ａの子Ｂ・Ｃ・Ｄ）のうちＢが仮払い請求できる金額は、以下のようになります。

ＪＡの貯金1,800万円×１/３×Ｂの法定相続分１/３＝200万円→150万円（法務省令で定める上限額）、および、Ｘ銀行の預金900万円×１/３×Ｂの法定相続分１/３＝100万円となり、合計250万円となります。

なお、仮払いされた預貯金は遺産の一部分割によって取得したものとみなされ（改正民法909条の２後段）、後日、遺産分割の際に当該払戻額が相続分から差し引かれることになります。

また、この仮払い制度の施行日は2019年７月１日ですが、この施行日前に開始した相続に関し、施行日以後に預貯金債権が行使される場合も適用されます（民法及び家事事件手続法の一部を改正する法律附則５条）。

56 【貯金の相続】

●葬儀費用の払戻と改正相続法の仮払い制度

貯金者Ａが死亡し、Ａの配偶者Ｂが戸籍謄本等の資料を持参して「Ａの葬儀費用を支払うため、Ａの定期貯金を解約してほしい」との申出をしてきました。相続人はＢのほか、子Ｃ・Ｄがいます。どのように対応すればよいでしょうか。

56

遺言や遺産分割協議がないことをできるだけ多くの相続人に確認します。遺言等がなく遺産分割協議前の払戻であれば、ＣとＤの同意が必要です。

解説

1 葬儀費用は誰が負担すべきか

葬儀費用を誰が負担すべきかについては、相続財産に関する費用（民法885条１項）として相続財産から支出することが許されるとする裁判例（東京地判昭和59・７・12金融法務事情1112号37頁）があるほか、必ずしも遺産から支払わなければならない性質のものではないとする裁判例（仙台高決昭和38・10・30家庭裁判月報16巻２号65頁）や、喪主の負担とすべきであるとする裁判例（東京地判昭和61・１・28判例時報1222号79頁）などがあります。

また、学説では、喪主は葬儀費用の範囲内で遺産管理を行う者であり、喪主からの払戻請求であれば、葬儀費用の便宜払いを有効とする考え方（高木多喜男「葬祭費の便宜払い」金融法務事情969号20頁）もあるなど、判例・学説は分かれています。

2 預貯金債権の相続に関する最高裁大法廷決定等

ＪＡ等金融機関の預貯金債権については、相続開始と同時に当然に分割されることはなく（つまり不可分債権であるとして）、家庭裁判所の遺産分割審判の対象となります（最大決平成28年12月19日金融・商事判例1510号37頁、最判平成29年4月6日金融・商事判例1521号8頁）。

したがって、質問のAの共同相続人B・C・Dは、Aの相続開始と同時にその貯金債権について法定相続分に応じてその共有持分を準共有することになり、当然に分割されることはないので、各自単独でその共有持分の払戻を請求することはできません。ＪＡがBによる法定相続分の払戻請求に応じるためには、他の共同相続人CおよびDの同意を得ることが不可欠です。

3　葬儀費用を資金使途とする相続貯金の払戻請求への対応

しかしながら、葬儀費用の支払についてＪＡが硬直的な対応をしたために、後日喪主等の相続人からのクレームに発展する事態は避けたいところです。逆に、便宜払いに応じたとしても、他の相続人等からクレームを受けるケースは少ないことから、実務上は、葬儀費用の支払のための相続貯金の便宜払いについては、リスクを最小限に抑えたうえでの対応も考えられます。

例えば、できるだけ多くの相続人に遺言や遺産分割協議がないことを確認するとともに、払戻に応じる金額については、Bの法定相続分の範囲内でかつ葬儀費用の範囲内とすることでリスクを抑えることができます。また、葬儀費用を金融機関から葬儀社に直接振り込む方法も有効でしょう。

4　改正相続法の預貯金債権の仮払い制度

改正相続法は、預貯金債権の仮払い制度を設けています（Q55参照）。

この制度によれば、相続人Bは、他の相続人C・Dの同意がなくても、相続貯金のうち以下の金額について単独で払戻を請求することができます。

> Bが単独で払戻請求できる金額
> ＝相続開始時の預貯金債権の額×1/3×B（配偶者）の法定相続分（1/2）

ただし、各金融機関ごとに払戻ができる上限金額は法務省令で定められます。例えば、当該金融機関のAの相続貯金が1,500万円であった場合、上記算式によればBの仮払請求できる金額は250万円ですが、法務省令が定める上限金額（150万円）に制限されます。

なお、この仮払い制度の施行日は2019年7月1日ですが、この施行日前に開始した相続に関し、施行日以後に預貯金債権が行使される場合も適用されます（民法及び家事事件手続法の一部を改正する法律附則5条）。

57

【貯金の相続】

●共同相続人のなかに未成年者がいる場合

被相続人Aの相続人は妻Bと子C・D（未成年者）ですが、Bは「遺産分割協議はしないので相続貯金全額を払い戻してほしい」とのことです。どのように対応すべきでしょうか。また、実は遺産分割協議済みの場合はどうでしょうか。

A

57

遺産分割協議をしないのであれば、BおよびCの署名捺印と、Dについては法定代理人Bの署名捺印があれば相続貯金全額を払戻できます。また、遺産分割協議済であった場合は、未成年者のために選任された特別代理人が遺産分割協議書に署名捺印していることを確認します。

解説

1　親権者による子の財産管理権と利益相反行為

親権者は未成年の子の財産について、管理処分権限を有しています（民法824条）。この親権者の財産管理権は、未成年の子には自分の財産を管理する十分な判断能力がないので、もっぱら子の利益のために親権者に子の財産を管理させる趣旨で認められたものです。

一方、同法826条1項は、親と未成年の子の利益が相反する行為については、特別代理人の選任を家庭裁判所に求めるよう定めています。例えば、B・C・D間の遺産分割協議は、BとDの利益が相反する行為に該当するため、BはDのために特別代理人の選任を家庭裁判所に申請しなければならず、Bは親権者としての代理権を行使できません。

2　遺産分割協議前の払戻手続

Dが相続した貯金の法定相続分について、Dの親権者Bが遺産分割協議前にDのために現金に換えて管理する行為は、民法824条に規定する管理処分権限の行使であり、B・D間の利益相反行為には該当しません。

したがって、B・C・Dに対してその法定相続した貯金全額を払い戻す場合は、遺産分割協議前の相続手続依頼書にBとCの署名と実印による捺印（B・Cの印鑑証明書を添付）をしてもらいます。Dについては、Bに法定代理人として署名捺印してもらいます。なお、紛失等によりAの通帳・証書、キャッシュカード等の提出を受けられない場合は、相続手続依頼書にその旨の記載を受けます。

また、この場合においても、BおよびCに対して遺産分割協議は行わないことや遺言等はないことを確認します。

3 遺産分割協議後の払戻手続

共同相続人間で遺産分割協議がすでに行われ、当該協議による払戻請求がされた場合は、未成年者Dのために選任された特別代理人が、Dの代理人として遺産分割協議を行ったことの確認が必要です。

4 特別代理人の選任手続

実際には、家庭裁判所が職権で適任者を探すことができないために、親権者等の請求者が被選任者を推薦し、この者を家庭裁判所が特別代理人とする手続がとられています。選任された特別代理人は、家庭裁判所の選任に関する審判書に記載された特定の行為について代理権限を有します。また、特別代理人の任務の完了、辞任・解任、未成年者本人や特別代理人の死亡等の代理権消滅事由の発生、特別代理人と未成年者の間の利益相反関係の発生、利益相反となっていた親権者の親権の消滅等により、特別代理人の代理権は消滅します。

58

【貯金の相続】

●共同相続人のなかに成年被後見人と成年後見人がいる場合

被相続人Aの相続人は妻Bと子C・Dですが、Bは成年被後見人で、その成年後見人はDとなっています。この場合の遺産分割協議前の払戻手続と遺産分割協議後の払戻手続はどのようになりますか。なお、成年後見監督人は選任されていません。

58

遺産分割協議前の相続貯金の払戻請求であれば、当該払戻行為は成年被後見人と成年後見人との利益相反行為には該当せず、特別代理人を選任する必要はありません。遺産分割協議済の場合は、成年被後見人のために選任された特別代理人が遺産分割協議書に署名捺印していることを確認します。

解説

1　遺産分割協議前の払戻手続

成年後見人は成年被後見人の財産を管理し、財産に関する法律行為について成年被後見人を代表します。つまり、遺産分割協議前の払戻であれば、Bが法定相続した貯金について、Dがその財産の管理処分権限によってBのために現金に換える行為であり、BとDの利益相反行為には当たりません。

この場合の手続は、遺産分割協議前の払戻請求書にCとDの署名捺印（C・Dの印鑑証明書を添付）をしてもらいます。Bについては、Dに成年後見人として署名捺印してもらいます。B・C・Dの取り分は、相続貯金の法定相続分となります。

2 遺産分割協議後の払戻手続

すでに遺産分割協議が行われていた場合は、当該遺産分割協議が適法に行われたかどうかを確認します。成年被後見人Ｂと成年後見人Ｄが共同相続人となっている場合、ＢとＤとの遺産分割協議は利益相反行為に当たるので、家庭裁判所にＢのために特別代理人の選任を申し立て、選任された特別代理人がＢの代理人として遺産分割協議を行うことが不可欠です。

なお、成年後見監督人が選任されている場合は、同人が成年被後見人の代理人として遺産分割協議を行うことになります。

3 特別代理人の選任手続

成年後見人等の請求者が被選任者を推薦し、この人物を家庭裁判所が特別代理人とする手続がとられます。特別代理人は、家庭裁判所の選任に関する審判書に記載された特定の行為について代理権限を有します。

特別代理人の代理権は、任務の完了、辞任・解任、成年被後見人本人や特別代理人の死亡等の代理権消滅事由の発生等により消滅します。

59

【貯金の相続】

●相続貯金の誤払

貯金者Aが死亡し、その相続人は、Aとその前夫との間の子D、および、Aとその後夫との間の子B・Cの計３人であり、その法定相続分はそれぞれ３分の１であったところ、ＪＡは、相続人はBとCのみであると誤認し、Aの相続貯金4,500万円全額をB・Cに支払ってしまいました。後日、Dからその法定相続分1,500万円の支払を求められた場合、どのように対応すればよいでしょうか。

59

相続人はＢ・Ｃのみであると J Aが誤認したことについて過失があり、Ｄの法定相続分のＢ・Ｃへの支払について債権の準占有者に対する弁済として認められない場合は、Ｄの支払請求には応じざるを得ません。

解説

1 債権の準占有者弁済適用の有無

相続貯金のＢ・Ｃに対する誤払につきＪＡが善意・無過失で行ったのであれば、債権の準占有者に対する弁済が認められ、ＪＡのＢ・Ｃに対する弁済が有効とみなされます（民法478条）。つまり、ＪＡは、Ｄに対して二重支払を行う義務はなく、Ｄによる法定相続分の支払請求を拒否することができます。

ただし、この場合Ｄは、その法定相続分相当額の金員の損害を受け、一方で受益者Ｂ、Ｃは法律上の原因なく同額の利得を得ていますので、ＤはＢ、Ｃに対して不法行為による損害賠償請求または不当利得の返還請求を行うことができます（最判平成16・4・20金融・商事判例1205号55頁）。

2 相続貯金の誤払につき、債権の準占有者弁済が認められない場合

相続貯金に対する誤払につき、ＪＡが善意であったとしても過失があるのであれば、債権の準占有者弁済は認められません（民法478条。Q 23・Q 24参照）。このような場合、ＪＡは真の貯金者からの支払請求を拒否することはできません。

質問の場合、ＪＡは、Ａの戸籍を調査することで容易に相続人Ｄの存在を確認できたはずですが、そうであるならば、ＪＡには過失があることになり、誤払につき債権の準占有者弁済が認められないことになります。

ただし、ＪＡは、Ｄに対する二重支払によって1,500万円の損害を受けることになりますが、一方で受益者Ｂ、Ｃは法律上の原因なくそれぞれ750万円の利得（Ｂ・Ｃの各払戻受領額2,250万円－各法定相続分1,500万円）を得ていますので、ＪＡは、Ｂ・Ｃに対して、不法行為に基づく損害賠償請求あるいは不当利得返還請求を行うことができます。

なお、その請求の時期について、ＪＡの損失は誤払の時点で発生しているので、Ｄへの支払の後でなくともＢ・Ｃに対して請求をすることができます（最判平成17・7・11金融・商事判例1221号7頁）。

60 【貯金の相続】

●自筆証書遺言の検認と自筆証書遺言の保管制度

貯金者Aが死亡して、相続が開始しました。自筆証書遺言に検認手続が義務付けられているのはなぜでしょうか。また、創設される自筆証書遺言の保管制度を利用した場合はどうでしょうか。

A 60

検認手続は、民法によって義務付けられており、検認後の遺言書の変造や隠匿を防止できることから、一種の証拠保全手続といえます。また、検認を経ない自筆証書遺言に基づく相続登記を申請しても、法務局は受理しません。

自筆証書遺言の保管制度（2020年7月10日施行）を利用すれば、相続発生後の家庭裁判所による検認は不要となりますが、制度の概要は解説記載のとおりです。

解説

1 自筆証書遺言の検認とその効果

（1）検認手続の概要とその効果

検認手続は、相続人等が遺言書を家庭裁判所に持参して検認の申立を行い、これを受けて、家庭裁判所は、全相続人および利害関係人等に対し遺言の存在を知らせるとともに、検認期日（検認を行う日）において、相続人等が立ち会ったうえで、遺言書の形状、加除訂正の状態、日付、署名など遺言書の内容を開示します。

そして、検認調書には、相続人等は遺言書の筆跡は本人のものと認めているか、その他検認の結果が記載され、検認済遺言書の写しとともに裁判所に保管されます。これにより、その後の遺言書の変造や隠匿を防止できることから、検認手続は、一種の証拠保全手続といえます。

検認済証明は、その事件の番号、検認の年月日、検認済みである旨および証明年月日、家庭裁判所名が記載されて、裁判所書記官が記名押印した証明文を遺言書原本の末尾に付記し、契印する方法で行われます。

（2）遺言書の検認義務

自筆証書遺言は検認手続が義務付けられているため、これを発見した相続人は、遅滞なく遺言書を家庭裁判所に提出して、その「検認」を請求しなければなりません（民法1004条1項・2項）。また、封印のある遺言書は、家庭裁判所で相続人またはその代理人の立会いがなければ、開封できないことになっています（同条3項）。

（3）検認義務違反の効果

遺言書の提出を怠り、その検認を経ないで遺言を執行し、または家庭裁判所外においてその開封をした者は、5万円以下の過料に処せられます（民法1005条）。ただし、このように検認義務を怠ったとしても、遺言書が無効となるわけではありません。

2 自筆証書遺言の保管制度の創設

「法務局における遺言書の保管等に関する法律」（以下「遺言書保管法」という）により、法務局において自筆証書遺言書の保管および情報の管理を行う制度が創設されました。

（1） 遺言書の保管制度の目的

これは、高齢化の進展等の社会経済情勢の変化に鑑み、相続をめぐる紛争（紛失・隠匿・変造等）を防止するとともに、遺言書保管所に保管されている遺言書については、家庭裁判所の検認を不要とするものです（遺言書保管法11条）。

（2） 遺言書の保管制度の概要

自筆証書遺言の遺言者は、法務省令で定める様式に従って遺言書を作成し、遺言書保管所（法務局）の遺言書保管官に対し、当該遺言書に添えて、①遺言書記載の作成年月日、②遺言書の氏名、出生年月日、住所・本籍等の事項を記載した申請書を提出します（遺言書保管法4条）。

遺言書保管官は、当該遺言書について、民法968条に規定する①日付および氏名の自書、②押印、③加除訂正の方式につき、その違背の有無を審査します。ただし、当該審査は外形的な確認で行えるものに限定されるものと考えられますので、遺言書保管官による審査によって要件不備となる遺言書は減少すると思われますが、有効な遺言書と確定されるものではありません。

遺言書保管官は、当該遺言書について、遺言書の画像情報等所定の事項を記録した磁気ディスクをもって調整する遺言書保管ファイルにより管理します（遺言書保管法7条）。この画像情報等は、全国の法務局からアクセスできるようになります。

（3）相続開始後の取扱い

遺言者の死亡後、その相続人等一定の者（関係相続人等）は、保管されている遺言書について、遺言書保管ファイルに記録されている事項を証明した書面（遺言書情報証明書）の交付を請求することができます（遺言書保管法法9条1項）。また、関係相続人等は、当該遺言書原本の閲覧を請求することができます（遺言書保管法9条3項）。

なお、これらの請求に際しては、相続人全員を特定する書面の提出が必要となります。遺言書情報証明書の交付を受けた相続人等は、これにより相続登記申請等ができることになります。

遺言書保管官は、遺言書情報証明書を交付しまたは関係遺言書原本の閲覧をさせたときは、速やかに、関係遺言書を保管している旨を遺言者の相続人・受遺者・遺言執行者に通知することを要します（遺言書保管法9条5項）。これにより、相続人等が遺言書の存在を知る機会が確保されます。

何人も、遺言書保管官に対し、①関係遺言書の保管の有無、ならびに、②当該関係遺言書に記載されている作成年月日および遺言書保管所の名称・保管番号を証明した書面（遺言書保管事実証明書）の交付を請求することができます（遺言書保管法10条）。

（4）施行日

この遺言書保管制度は、2020年7月10日に施行されます。なお、施行前には、法務局に対して遺言書の保管を申請することはできません。

Q 61

【貯金の相続】

●自筆証書遺言の有効性の確認と改正相続法による方式の緩和

貯金者Aが死亡して、相続が開始しました。Aは自筆証書遺言を遺しており、すでに検認済証明書が添付されています。この場合、同遺言書は有効と判断できるのでしょうか。もしもそうでないとしたら、どのように同遺言書が有効であることを確認すればよいでしょうか。

A 61

遺言書に検認済証明書が添付されていても、有効な遺言書と判断することはできません。例えば、同遺言書の日付が漏れている場合は無効となります。このほかにも遺言書を無効とする無効要因がないかどうかを確認しなければなりません。

なお、平成30年7月に成立した改正民法（相続関係）（以下、「改正相続法」という）により自筆証書遺言の方式の緩和がなされました。

解説

1 自筆証書遺言の有効性

検認手続は一種の証拠保全手続に過ぎず、検認済であるからといって、当該遺言書が有効な遺言書である保証はないので、遺言書に無効要因がないかどうかを確認しなければなりません。

（1）遺言能力に問題はないか

行為能力の制限に関する規定（民法5条・9条・13条および17条）は、遺言については適用されず（民法962条）、未成年者（ただし、満15歳以上）でも、親の同意を得ずに有効に遺言をすることができます（同法961条）。ただし、遺言能力（同法963条）が必要ですが、意思能力があれば遺言能力があるものとされ、15歳以上であれば誰しも意思能力を備えている（遺言能力を備えている）のが一般的です。

また、成年被後見人であっても、判断能力を一時回復した時であれば、遺言をすることができます。ただし、医師２人以上の立会いが必要であり、成年被後見人が事理弁識能力を欠く状態になかった旨（遺言能力を有していた旨）をそれらの医師が遺言書に付記して、これに署名し押印する必要があります（同法973条）。

（2）方式に不備はないか

自筆証書遺言は、遺言者が、その全文、日付、氏名を自書し、押印しなければならず、加除・訂正の方式など要件が１つでも欠けている場合は無効となるので、これらの点を確認する必要があります（民法968条）。

①　自書……自書させる目的は、遺言者の真意を確保し、偽造や変造を防止しようとするものです。したがって、代筆やワープロ、コピーなどは、自書の要件を満たさないので無効です。しかし、カーボン複写は、実質的に自書に等しいので有効です（最判平成５・10・19金融・商事判例938号27頁）。

②　日付……日付は、年月日まで確定させなければなりません（最判昭和52・11・29家庭裁判月報30巻４号100頁、金融・商事判例539号16頁）。これは、遺言書が複数あった場合に、どの遺言書が有効な遺言書かを確定する必要があるからです。日付が確定できればよいので、「還暦の日」「○年の誕生日」は確定するので有効です。しかし、「○年○月吉日」は日付を確定できないので無効です（最判昭和54・５・31民集33巻４号445頁）。

③　氏名……遺言者の同一性が明らかにされればよく、通称、雅号、芸名、屋号などでも、遺言内容などから遺言者を確定できれば有効です（大判大正４・７・３民録21輯1176頁）。

④　押印……三文判でも、拇印でも有効です（最判平成元・２・16民集43巻２号45頁、金融・商事判例819号13頁）。また、押印の場所は、

自署の下には押印を欠くものの、当該遺言書を入れた封筒の封じ目に押印があれば有効です（最判平成6・6・24家庭裁判月報47巻3号60頁)。なお、花押は押印の要件を満たさないので無効です（最判平成28・6・3民集70巻5号1263頁、金融・商事判例1501号8頁)。

⑤　加除・訂正……加除・訂正その他の変更は、遺言者がその場所を指示し、これを変更した旨を付記して、特にこれに署名し、かつ、その変更の場所に押印が必要です（民法968条2項)。

2 改正相続法の自筆証書遺言の方式緩和

（1）遺言書の方式緩和の概要

改正民法968条2項は、自筆証書遺言中の相続財産の特定に必要な事項（財産目録）については、自書によることを要せず、パソコン等による作成、代筆、不動産登記事項証明書、預貯金通帳の写し等を添付する方法でもよいとしています。ただし、自書によらない部分の毎葉（両面にある場合は、その両面）に署名・押印が必要です。

図表1 遺言書サンプル

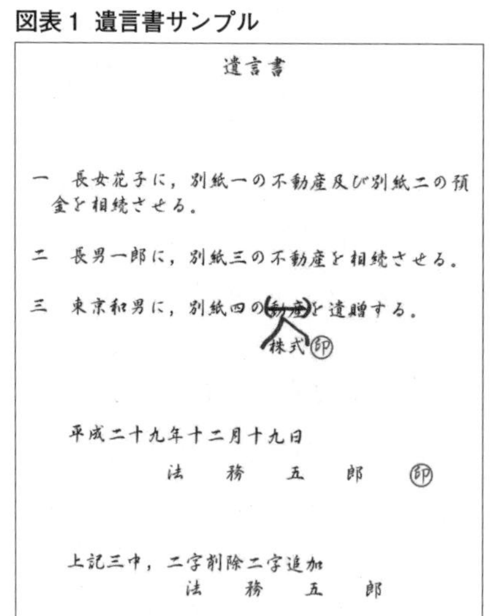

遺言書

一　長女花子に，別紙一の不動産及び別紙二の預金を相続させる。

二　長男一郎に，別紙三の不動産を相続させる。

三　東京和男に，別紙四の~~動産~~（株式㊞）を遺贈する。

平成二十九年十二月十九日

法　務　五　郎　㊞

上記三中，二字削除二字追加

法　務　五　郎

図表2 遺言書サンプル（別紙一）

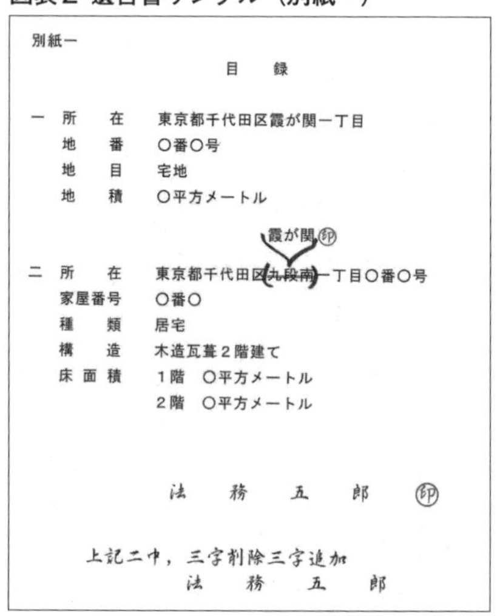

別紙一

目　録

一　所　在　東京都千代田区霞が関一丁目

地　番　○番○号

地　目　宅地

地　積　○平方メートル

二　所　在　東京都千代田区~~九段南~~（霞が関㊞）一丁目○番○号

家屋番号　○番○

種　類　居宅

構　造　木造瓦葺２階建て

床面積　１階　○平方メートル

２階　○平方メートル

法　務　五　郎　㊞

上記二中，三字削除三字追加

法　務　五　郎

なお、財産目録の加除訂正等の変更については改正前の方式と同様ですが（改正民法968条3項）、自筆によらなくてもよいと解されています（図表1～5参照）。

図表3 遺言書サンプル（別紙二）

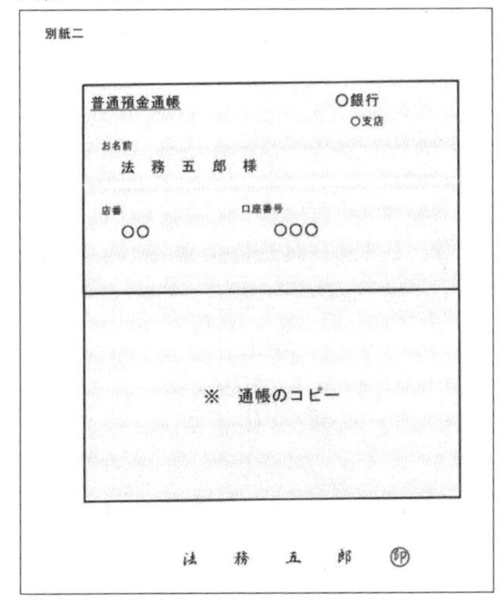

別紙二

普通預金通帳　○銀行

○支店

お名前

法 務 五 郎 様

店番　○○

口座番号　○○○

※ 通帳のコピー

法 務 五 郎 印

図表4 遺言書サンプル（別紙三）

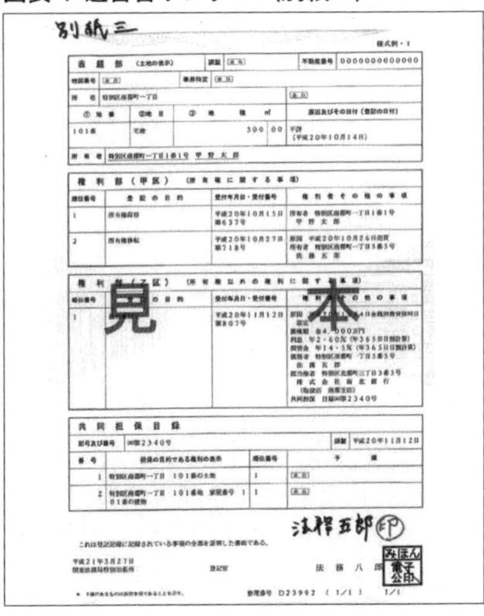

別紙三

様式例・1

表題部（土地の表示）	調製	余白	不動産番号	0000000000000
地図番号	余白	筆界特定	余白	
所在	特別区南都町一丁目		余白	
①地番	②地目	③地積 ㎡	原因及びその日付（登記の日付）	
101番	宅地	300 00	不詳（平成20年10月14日）	
所有者	特別区南都町一丁目1番1号 甲野太郎			

権利部（甲区）（所有権に関する事項）			
順位番号	登記の目的	受付年月日・受付番号	権利者その他の事項
1	所有権保存	平成20年10月15日 第637号	所有者 特別区南都町一丁目1番1号 甲野太郎
2	所有権移転	平成20年10月27日 第718号	原因 平成20年10月26日売買 所有者 特別区南都町一丁目5番5号 法務五郎

権利部（乙区）（所有権以外の権利に関する事項）			
順位番号	登記の目的	受付年月日・受付番号	権利者その他の事項
1		平成20年11月12日 第807号	原因 [illegible] 設定 債権額 金4,000万円 利息 年2・60％（年365日日割計算） 損害金 年14・5％（年365日日割計算） 債務者 特別区南都町一丁目5番5号 法務五郎 抵当権者 特別区北都町三丁目3番3号 株式会社南北銀行（取扱店 南都支店） 共同担保 目録(わ)第2340号

見本

共同担保目録			
記号及び番号	(わ)第2340号	調製	平成20年11月12日
番号	担保の目的である権利の表示	順位番号	予備
1	特別区南都町一丁目 101番の土地	1	余白
2	特別区南都町一丁目 101番地 家屋番号 101番の建物	1	余白

法務五郎 印

これは登記記録に記録されている事項の全部を証明した書面である。

平成21年3月27日　[illegible]　登記官　法務八郎　みほん 電子公印

整理番号 D23992（1/1）　1/1

図表5 遺言書サンプル（別紙四）

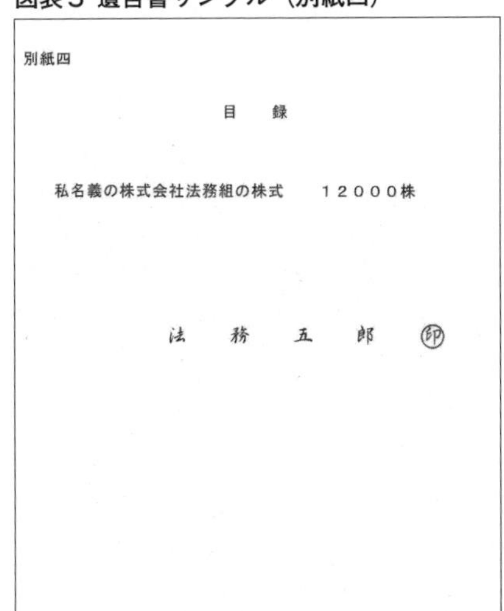

別紙四

目　録

私名義の株式会社法務組の株式　　12000株

法 務 五 郎 印

（図表1～5出所）法務省ウェブサイト（http://www.moj.go.jp/content/001244449.pdf）

（2）施行日

以上の自筆証書遺言の方式緩和は、2019（平成31）年1月13日に施行されました。ただし、施行日前に作成された遺言書には適用されません。

62

【貯金の相続】

●公正証書遺言の有効性の確認

貯金者Ａが死亡して、相続が開始しました。公正証書遺言がある場合、どのようにして同遺言書が有効な遺言書であることを確認すればよいでしょうか。

A
62

公正証書遺言は、偽造・変造・隠匿のおそれがないことなどから検認手続は不要とされ、公証人が法令に従って作成することなどから、遺言無効確認訴訟等の争いのない限り、原則として有効な遺言書として扱って差支えないでしょう。

解説

1 公正証書遺言の有効性

公正証書遺言は、次の理由から、原則として有効な遺言書として扱って差支えないでしょう。

（1）方式不備で無効となる可能性がきわめて低い

公正証書は、公証人が、次の定められた方式に従って作成するため、方式不備で無効となる可能性がきわめて低いといえます。

公正証書の作成方法は、①証人２人以上の立会いがあること、②遺言者が遺言の内容を公証人に口授すること、③遺言者および証人が筆記の正確なことを承認した後、各自これに証明し、印を押すこと、④公証人が、それに署名し、印を押すこと、等とされています（民法969条）。

（2）偽造・変造・隠匿のおそれがない

公証人が遺言者の同一性を確認し、作成された遺言書の原本は公証役場において保存されるため、偽造・変造・隠匿のおそれがありません。

（3）意思能力の欠如が原因となって無効となる可能性が低い

公正証書遺言書作成の過程で遺言者の能力に疑義が生じ、これを確認する作業を行ったときは、後日、遺言書の有効性について訴訟等で争われた場合に備え、その際の診断書、本人の状況等を録取した書面等の証拠を証書の原本とともに保存するよう義務付けられています（法務省平12・3・13民一第634号民事局長通達）。

2 公正証書遺言の効力が争われている場合

公正証書遺言であっても、遺言書作成当時の遺言者に遺言能力がなかったなどとして、稀に無効とされることがあります。したがって、遺言無効確認訴訟などが提起されている場合は、当該遺言による相続貯金の払戻には応じることはできません。

無効とされた判例としては、遺言をした老人が遺言の当時重度の痴呆症状等があり、遺言の内容も複雑で多岐にわたることなどから、「遺言能力は認められない」として無効とされたもの（東京高判平成12・3・16判例時報1715号34頁）などがあります。

有効とされた判例としては、遺言者は、痴呆症状のほか、終日介護を要するようになったが、普段は意識が清明であることが多く、新聞を読むことができたこと、本件遺言をした当日の遺言者の意識は清明で、公証人の人定質問にも的確に答えており、当日体調が特に悪いこともなく、遺言者の意思能力に問題はなかったこと、本件遺言の内容も遺言者の真意に合致するものであったと判断し、本件遺言を有効としたもの（和歌山地判平成6・1・21判例タイムズ860号259頁）、公正証書遺言がされた場合において、当該遺言の証人となることができない者が同席していたとしても、この者によって遺言の内容が左右されたり、遺言者が自己の真意に基づいて遺言をすることを妨げられたりするなど特段の事情のない限り、同遺言が無効となるものではないとしたもの（最判平成13・3・27金融・商事判例1124号8頁）などがあります。

63

【貯金の相続】

●遺言執行者による相続貯金の払戻請求（特定遺贈または包括遺贈の場合）と改正相続法の取扱い

特定遺贈または包括遺贈の遺言書において遺言執行者が選任されている場合、相続貯金の払戻等はどのように行えばよいでしょうか。また、改正相続法の施行日以後はどのようになりますか。

A 63

特定遺贈の場合は、金融機関は遺言執行者の請求に応じて払戻をすれば、受遺者を含む全相続人との関係において免責されます。包括遺贈の場合も同様です。

改正相続法の施行日以後は、同日以後に遺言執行者となった者は、遺贈された相続預貯金の履行権限を有するので、ＪＡ等金融機関は、当該遺言執行者のみに払戻をすべきことになります。

解説

1 遺言執行者の権利義務等

（1）遺言執行者の指定と就職の諾否

遺言者は、遺言で１人または数人の遺言執行者を指定することができます(民法1006条)。遺言者の死亡によって遺言の効力が生じると(同法985条)、遺言執行者に指定された者は就職の諾否をしますが、就職を承諾したときは、直ちにその任務を行わなければなりません（同法1007条)。

（2）相続財産目録の作成

就職を承諾した遺言執行者は、遅滞なく相続財産の目録を作成して、相続人に交付しなければならず、相続人の請求があるときは、その立会いをもって相続財産の目録を作成し、または公証人にこれを作成させなければなりません（民法1011条）。財産目録は、資産および負債をともに掲げ、調製の日付を記載して、遺言執行者が署名するのが一般的な扱いです。

（3）相続財産の管理と遺言の執行、経過等の報告

遺言執行者は、相続財産の管理その他遺言の執行に必要な一切の行為をする権利義務を有します（民法1012条1項)。ただし、善良な管理者の注意をもって、執行事務を処理する義務を負い、相続人等の請求があるときは、いつでも執行事務の処理の状況を報告し、執行事務が終了した後は、遅滞なくその経過および結果を報告しなければなりません（現行民法1012条2項（改正民法1012条3項)・644条・645条)。

（4）執行行為を妨げる行為の禁止

相続人は、遺言執行者が行う相続財産の処分その他遺言の執行を妨げるべき行為をすることを禁止され（現行民法1013条)、これに違反した行為は無効となります（改正民法1013条1項・2項)。

2 特定遺贈の場合

貯金債権の遺贈について債務者（金融機関）に対抗するためには、債務者に対する通知または債務者の承諾が必要ですが、債務者に対する通知は、「遺贈義務者」からしなければなりません（最判昭和49・4・26民集28巻3号540頁)。この場合の遺贈義務者は相続人ですが、相続人の代理人である遺言執行者から払戻請求があれば、遺贈義務者から金融機関に対して遺贈の通知があったことになります。

したがって、金融機関は、遺言執行者の払戻請求に応じることにより、受遺者を含む全相続人との関係において免責されます。

3 包括遺贈の場合

包括受遺者は相続人と同一の権利義務を有するとされます（民法990条）が、包括遺贈も遺言者の意思に基づく財産処分であり、対抗要件を必要とすると解されています。また、遺言者の財産全部の包括遺贈について、最高裁平成8年1月26日判決（民集50巻1号132頁）が特定遺贈と性質を異にす

るものではないとしています。

遺言執行者は、包括受遺者を含む全相続人の代理人ですから、法定相続人の範囲や法定相続人間の紛議の有無にかかわりなく銀行に貯金の払戻請求をなし得ますし、銀行は遺言執行者の請求に応じて払戻をすれば、包括受遺者を含む全相続人との関係において免責されます（東京地判平成14・2・22金融法務事情1663号86頁）。

したがって、包括遺贈の場合も特定遺贈の場合と同様に考えられ、ＪＡ等金融機関は遺言執行者の請求に応じて払戻をすれば、包括受遺者を含む全相続人との関係において免責されます。

4 改正相続法における遺言執行者の権限の明確化（遺贈の場合）

（1）権限の明確化

改正民法は、遺言執行者が就職を承諾したときは、直ちにその任務を行わなければならず（同法1007条1項）、その任務を開始したときは、遅滞なく、遺言の内容を相続人に通知しなければならないとしています（同条2項）。

また、遺言執行者の権利義務について、「遺言執行者は、遺言の内容を実現するため、相続財産の管理その他遺言の執行に必要な一切の行為をする権利義務を有する」（同法1012条1項）と規定し、「遺言執行者がある場合には、遺贈の履行は、遺言執行者のみが行うことができる」（同条2項）と規定しています。これにより、相続預貯金の特定遺贈および包括遺贈については、遺言執行者のみが履行権限を有するので、ＪＡ等金融機関は、遺言執行者のみに払戻をすべきことになります。

また、改正民法は、改正前民法1015条「遺言執行者は、相続人の代理人とみなす。」を削除し、「遺言執行者がその権限内において遺言執行者であることを示してした行為は、相続人に対して直接にその効力を生ずる。」と定めています（改正民法1015条）。これは、遺言執行者は、遺言の内容を実現することを職務とするものであり、必ずしも相続人の利益のために職務を行うものではないことを明らかにするものです（最判昭和 30・5・10 民集 9 巻 6 号 657 頁参照）。

（2）相続人が遺言執行を妨害する行為をした場合の効果

相続人は、相続財産の処分その他遺言の執行を妨げる行為をすることが禁止され（同法 1013 条 1 項）、相続人が、遺言の執行を妨げる行為をした場合は、当該行為は無効となります（同条 2 項本文、最判昭和 62・4・23 民集 41 巻 3 号 474 頁）。ただし、第三者の取引の安全を保護するため、「善意」の第三者は保護されます（同項但書き）。

例えば、遺言執行者が選任されていることを知らずに相続人に相続貯金を払戻した場合、ＪＡが債権の準占有者（払戻した相続人）に対する弁済（民法 478 条）として免責されるためには、ＪＡの善意無過失が必要とされていました。しかし、改正民法では善意で足りるものとされたことになります。

（3）施行日と留意点

なお、本件に関する法令の施行日は、2019 年 7 月 1 日であり、原則として同日以降の死亡によって開始した相続に関して適用されます。ただし、遺言執行者の任務開始後の相続人への遺言内容の通知義務（改正民法 1007 条 2 項[(注)]）および遺言執行者の権利義務（1012 条）の規定は、同施行日前に開始した相続であっても、施行日以後に遺言執行者となる者についても適用されます（民法及び家事事件手続法の一部を改正する法律附則 8 条 1 項）。

（注）改正民法 1007 条 2 項「遺言執行者は、その任務を開始したときは、遅滞なく、遺言の内容を相続人に通知しなければならない。」

64

【貯金の相続】

●遺言執行者による相続貯金の払戻請求（「相続させる」旨の遺言の場合）と改正相続法の取扱い

「相続させる」旨の遺言書において遺言執行者が選任されている場合、相続貯金の払戻等はどのように行えばよいでしょうか。また、改正相続法の施行日以後はどのようになりますか。

64

遺言執行者に対して預貯金等の名義変更等の権限を付する旨の文言がある場合は、金融機関は遺言執行者の請求に応じて払戻をすれば、受益相続人を含む全相続人との関係において免責されると解されます。改正相続法施行日以後に作成された遺言書による遺言執行者は、受益相続人の相続預貯金の払戻の請求をすることができるので、ＪＡ等金融機関は、これに応じることで免責されます。

解説

1 「相続させる」旨の遺言の法的性質、効力等と改正相続法の取扱い

（1）法的性質は「遺産分割の方法の指定」

特定の遺産（不動産）を「相続させる」旨の遺言の法的性質について、判例（最判平成３・４・19民集45巻４号477頁）は、遺言書の記載から、その趣旨が遺贈であることが明らかであるかまたは遺贈と解すべき特段の事情がない限り、当該遺産を受益相続人をして単独で相続させる「遺産分割の方法が指定されたもの」と解すべきであるとしています。

（2）法的効力（即時の権利移転効）と相続登記等

また、「相続させる」旨の遺言の法的効力について前掲最判平成３・４・

19は、当該遺言において相続による承継を受益相続人の意思表示にかからせたなどの特段の事情のない限り、何らの行為を要せずして、当該遺産は被相続人の死亡の時に直ちに相続により受益相続人に承継されるとしています。また、特定の不動産を「相続させる」旨の遺言の受益相続人は、単独で登記申請をすることができます（不動産登記法63条2項）。

しかし、法務局は、遺言執行者には所有権移転手続の代理権はないとして、遺言執行者による登記手続を認めていません。

（3）第三者への対抗力

「相続させる」旨の遺言による不動産の権利取得について判例（最判平成14・6・10金融・商事判例1154号3頁）は、当該遺言の受益相続人は、登記なくして第三者に対抗することができるとしています。

（4）改正相続法における法定相続分を超える権利の承継の対抗要件

例えば、「Aの土地をBに相続させる」旨の遺言の場合、従来であれば、相続人Bは被相続人Aの死亡と同時に当該土地の所有権を取得し、登記しなくても第三者に対抗できましたが（前掲最判平成14・6・10）、改正法では登記が必要となります（改正民法899条の2第1項）。

また、貯金の法定相続分を超える相続については、遺言書または遺産分割協議書を金融機関に提示すれば払戻請求ができますが、金融機関以外の第三者に対抗するためには、確定日付を付した証書による金融機関への通知が必要です（同条2項）。

2 遺言執行者に対する支払

貯金を特定の相続人に「相続させる」遺言の場合、その遺言執行者に当該貯金を受益相続人のために払戻請求を行う権限があるかどうかについて最高裁の判断はなく、下級審においても判断が分かれています（否定するもの……東京高判平成15・4・23金融法務事情1681号35頁、肯定するもの……東京高判平成11・5・18金融・商事判例1068号37頁、東京地判平成24・1・25金融・商事判例1400号54頁）。これら下級審の考え方や特定の相続人に不動産を「相続させる」旨の遺言の法的効力等についての最高裁の判断を踏まえ、次のような実務対応策が考えられます。

（1）「遺言執行者に対して、預貯金等の名義変更、解約、受領に関する一切の権限を付する」という趣旨の文言がある場合

遺言執行者は、遺言内容実現のための行為を委任されており、執行権限（払戻請求権）を有すると考えられるため、遺言の効力が争われているような特段の事情がなければ、金融機関は遺言執行者の請求に応じて払戻をすれば、受益相続人を含む全相続人との関係において免責されると解されます。

（2）前記預貯金等に関する遺言執行者の権限を明示する文言がない場合

遺言執行者の執行権限がないとされるおそれがあるので、受益相続人の遺言執行者への委任を確認できる資料の提示を受けたうえで、払戻に応じる対応が考えられます。ただし、遺言執行者が共同相続人の１人である場合や遺言の効力が争われているような特段の事情がある場合は、受益相続人以外の相続人の同意を得るなど、慎重に対応すべきでしょう。

3　改正相続法における遺言執行者の権限の明確化（「相続させる」旨の遺言の場合）

（1）権限の明確化と遺言執行を妨害する行為の効果

改正民法は、「相続させる」旨の遺言における遺言執行者の権限について、以下のように、遺言執行者による相続登記等のほか、相続預貯金の対抗要件の具備や払戻請求等の権限を明確に定めています。

すなわち、遺産分割の方法の指定として遺産に属する特定の財産を共同相続人の１人または数人に承継させる旨の遺言（以下「特定財産承継者」という）があったときは、遺言執行者は、対抗要件を備えるために必要な行為（登記、登録、指名債権等の承継通知等）をすることができる（同法1014条２項）と定めています。

また、当該特定財産が預貯金債権である場合には、遺言執行者は、預貯金承継の対抗要件を備えるために必要な行為のほか、その預貯金の払戻の請求およびその預貯金に係る契約の解除の申入れをすることができる。ただし、解約の申入れについては、その預貯金債権の全部が特定財産承継遺言の目的である場合に限る（同条3項）と定めています。

なお、遺言執行を妨害する行為の効果については、Q 63❹（2）を参照してください。

（2）施行日と留意点

特定の遺産について「相続させる」旨の遺言に係る遺言執行者の権限（改正民法1014条2項から4項）については、施行日（2019年7月1日）以後に作成された遺言について適用されます。同施行日前に作成された「相続させる」旨の遺言については適用されないので注意が必要です（民法及び家事事件手続法の一部を改正する法律附則8条2項）。

【貯金の相続】

●遺言執行者が選任されていない場合と改正相続法の取扱い

遺言書において遺言執行者が選任されていない場合、相続貯金の払戻等はどのように行えばよいでしょうか。また、改正相続法の施行日以後はどのようになりますか。

A 65

「相続させる」旨の遺言の場合は、金融機関は受益相続人の払戻請求に応じる法的義務がありますが、当該遺言の効力について争いがあるなどの特段の事情がある場合は、他の相続人の同意を得るなどの慎重な対応が必要です。また、特定遺贈または包括遺贈の場合は、受遺者へ支払う旨の相続人に対する通知等を行い、何ら異議がなければ払戻に応じるなどの対応が考えられます。

改正相続法施行日（2019年７月１日）以後は、受益相続人が遺言の内容を明らかにして相続預貯金を承継したことをＪＡ等金融機関に通知して払戻請求した場合、ＪＡ等金融機関はこれに応じなければ履行遅滞となります。

解説

1 「相続させる」旨の遺言の場合

（１）相続貯金の帰属と改正相続法における法定相続分を超える相続貯金の取扱い

Ｑ64で解説したとおり、特定の貯金についての「相続させる」旨の遺言の場合についても、当該遺産（貯金）は被相続人の死亡の時に直ちに相続により受益相続人に承継されるものと解されます。ただし、改正相続法の場合、貯金の法定相続分を超える相続については、遺言書または遺産分割協議書を金融機関に提示すれば払戻請求ができますが、金融機関以外の第三者に対抗するためには、確定日付を付した証書による金融機関への通知が必要です（改正民法899条の2第2項）。

（2）受益相続人の払戻権限と金融機関の留意点

遺言執行者が選任されていない場合は、受益相続人が自ら遺言書に基づいて、直接、指定された貯金の払戻を請求する権利があるため、金融機関は原則これに応じる法的義務があり、これに応じたとしても、他の全相続人との関係において免責されると解されます。

ただし、当該遺言の効力について争いがあるなどの特段の事情がある場合は、他の相続人の同意を得るなどの慎重な対応が求められます。

2 特定遺贈または包括遺贈の場合

貯金の遺贈の場合は、相続人が遺贈義務者に当たるので、遺言執行者の指定がなければ、法定相続人全員から債務者（金融機関）に対する通知または債務者（金融機関）の承諾が必要となります（Q63❷・❸参照）。

しかし、金融機関としては、有効な遺言書であることが確認できて、他に遺言書がないこと等が確認できれば、受遺者に支払うことで問題ないものと考えられます。たとえば、相続人に対して、受遺者から被相続人の貯金につき払戻請求がなされていること、他の遺言の存在等がある場合にはその旨を文書で通知してもらいたいこと、そして、一定の時期までに金融機関に対して何ら通知等のない場合には、受遺者に対して払い戻す旨等を記載した通知文書を送付します。そして、回答期限までに何ら異議の申出がない場合は、受遺者の払戻請求に応じるなどの対応が考えられます。

ただし、相続人全員の同意が得られる場合は、前記手続をするまでもなく、受遺者の払戻請求に応じることができます。

3 法定相続分を超えて預貯金債権を承継する場合の改正相続法の取扱いと施行日以後の対応

「相続させる」旨の遺言や遺贈などにより法定相続分を超えて預貯金債権

を承継した受益相続人は、当該預貯金債権に係る遺言の内容を明らかにして債務者（金融機関）にその承継の通知をしたときは、共同相続人の全員が債務者（金融機関）に通知したものとみなされるので、遺言により預貯金債権を承継したことを債務者（金融機関）に対抗することができます（改正民法899条の2第2項）。この場合の遺言の内容を明らかにする方法としては、「遺言書の原本及び正本」の提示、公証人によって作成された謄本等の提示、自筆証書遺言保管制度を利用した場合における遺言書に係る画像情報等証明書の提示などが考えられます。このような通知を受け、相続預貯金の払戻請求を受けた金融機関は、払戻を拒絶することはできません（拒絶すると履行遅滞となります）。

なお、本件に関する改正相続法の施行日は2019年7月1日であり、原則として同日以後の死亡によって開始した相続について適用されます。

ただし、施行日前に開始した相続に関し遺産の分割による預貯金債権の承継がされた場合において、施行日以後にその承継の通知がされるときにも、適用されます（民法及び家事事件手続法の一部を改正する法律附則3条）。

Q66 【貯金の相続】

●被相続人が外国人の場合の相続貯金の取扱い

貯金者Ａ（外国人）が死亡したため、Ａの配偶者Ｂが来店し、Ａ名義の定期貯金の払戻を請求しました。Ａの家族には、配偶者Ｂのほか子Ｃがいます。なお、Ａの父母はすでに亡くなっているとのことです。どのように対応すればよいでしょうか。

A66

死亡した人物の国の駐日外国公館（大使館・公使館・領事館等）等に照会して手続等を確認し、駐日外国公館が発行する「死亡証明書」「相続に関する証明書」などの提出を受けて相続人を確認します。そして、相続人全員の合意のうえで貯金払戻等に応じることが原則です。

解説

1 外国籍の方の相続

法の適用に関する通則法36条は「相続は、被相続人の本国法による」と定め、同法37条1項は「遺言の成立及び効力は、その成立の当時における遺言者の本国法による」と定めています。ただし、例外として「当事者の本国法によるべき場合において、その国の法に従えば日本法によるべきときは、日本法による」（同法41条）との定めがあるため、被相続人の本国法で「相続発生時に居住していた国の法律の定めによる」旨の規定がある場合には、日本の民法に従った手続をとることになります。

外国籍の貯金者が死亡した場合、相続手続の確認方法としては、死亡した人物の国の駐日外国公館（大使館・公使館・領事館等）等に照会して手続等を確認する方法と、日本に在留する外国籍の人物を支援する団体に照会する方法があります。

なお、確認すべき事項としては、①相続人および相続の順位、②戸籍制度の有無、③個別の相続人が確認できるか否か、④サイン証明書の発行は可能か、などです。

2 外国人の場合の相続貯金払戻

駐日外国公館が発行する「死亡証明書」「相続に関する証明書」などの提出を受けて相続人を確認します。相続人全員の合意のうえで貯金払戻等に応じることが原則です。

相続貯金の払戻にあたっては、できるだけ実印を押印してもらいます（在留カードがある場合は実印登録ができ、カナの印鑑でもよい）。サインによる場合は、駐日外国公館で発行されるサイン証明書の添付を求めます。相続人を確認できない場合は、「債権者不確知」による供託（民法494条）ができないか、法務局に相談してみるべきです。可能であれば、最善の策といえます。

（参考）「債権者不確知」の場合の供託原因

弁済供託によって債務を消滅させるためには、供託原因が必要となる。供託原因としての「債権者不確知」とは、例えば、債権者である貸主が死亡し相続が開始されたものの、相続人が誰であるか事実上知り得ない場合（この場合には、被供託者を「何某の相続人」として供託をすることができる）、あるいは、債権譲渡の通知を受けた当該債権について甲と乙との間でその帰属について争いがあり、いずれが真の債権者であるか弁済者が過失なくして知ることができない場合（この場合には、被供託者を「甲又は乙」として供託することができる）等をいう。

債権者不確知ということができるためには、①当初、特定人に帰属していた債権が、その後の事情により変動したため、債務者において債権者を確知することができなくなったという場合で、かつ、②債権者を確知することができないことが、債務者の過失によるものではないことが必要である。これに該当するかどうかは、個別の事案により、判断されることとなる。

（法務省ホームページより）

67 【貯金の相続】

●相続人が不存在の場合の相続貯金の取扱い

Ａは、普通貯金と定期貯金取引をしていましたが、身寄りはなく、病気がちであり、半年間入院して治療を受けた後、病院で死亡しました。入院中を含め最後の５年間、隣人のＢが親身になって世話をしていました。遺言はなく、戸籍上、妻子・親兄弟はいません。このような場合、この貯金は誰に帰属するのでしょうか。

A 67

相続人不存在となる場合であれば、Ａの相続財産は法人とみなされ、相続財産管理人が選任されます。相続財産管理人がＪＡに相続貯金の払戻を求めてきたときは、管理人に対して、家庭裁判所の許可を受けることを求めるべきです。

また、Ｂが特別縁故者として相続財産の分与を得るためには、家庭裁判所への分与手続が必要です。

解説

1 相続人不存在

相続人不存在とは、相続人のあることが明らかでない状態です。相続人は、通常、戸籍の記載によって明らかとなりますが、Ａには、妻子もなく親兄弟も死亡しているので、Ａの直系卑属や直系尊属、兄弟の直系卑属もないことを確認できれば、相続人不存在の状態といえます。

なお、戸籍上、相続人のあることが明らかな場合は、同人が行方不明でも相続人不存在ではないので、不在者の財産管理（民法 25 条～ 29 条）または失踪宣告（同法 30 条～ 32 条）の手続をとります。

2 相続財産法人

相続人不存在の場合、相続財産は何らの手続を要せず当然に、相続財産法人になります（民法951条）。相続財産が特殊な財団法人とみなされますが、被相続人に属した権利義務は、被相続人の死亡と同時に当該法人が承継したことになります。そして、利害関係人等の申立により、家庭裁判所によって相続財産管理人が選任されて（同法952条）、同人が相続財産を管理し、被相続人の債権者に債権届出をさせ、相続財産を競売に付して換価し、配当するとともに、相続人捜索の手続を行います（同法957条・958条）。

なお、相続人のあることが明らかになったときは、相続財産法人は存在しなかったものとみなされますが（民法955条本文）、それまでの間に、取引をした第三者の権利を害することのないように、相続財産管理人がその権限内でした行為の効力は失われません（同条ただし書）。

3 相続財産管理人の職務と権限

相続財産管理人は、民法27条～29条の権限を有します（同法953条）。民法28条によれば、相続財産管理人は、同法103条の保存行為、利用行為、改良行為のみをなし得ますが、これを越える行為をするときは、家庭裁判所の許可が必要になります。

相続財産管理人は、まず、相続財産目録を調整しなければなりません（民法27条1項）。また、家庭裁判所に対して、相続財産の状況報告、管理計算義務を負担していますが、相続債権者や受遺者から請求されたときは、これらの者に対しても、相続財産の状況を報告しなければなりません（同法954条）。

家庭裁判所は、相続財産管理人に対して、相続財産の管理や返還について相当の担保を差し入れさせることができます（民法29条1項）。また、相続財産管理人に対して、相当の報酬を与えることもできます（同条2項）。

4 特別縁故者への財産の分与

相続人不存在は、相続人が民法958条により定められた期間内に現れないことにより確定します。これにより、残余財産は相続されないので、家庭裁判所は、被相続人Aと生計を同じくしていた人物、Aの療養看護に努めた者、その他Aと特別の縁故があった人物からの請求があれば、同人に清算後残存すべき相続財産の全部または一部を与えることができます。この請求は、最後の相続人捜索の公告期間の満了後3ヵ月内にしなければなりません(同法958条の3)。特別縁故者は、相続財産法人からの無償贈与により相続財産を取得することになり、残余の相続財産は国庫に帰属します(同法959条)。

5 実務上の留意点

相続財産管理人がJAに相続貯金の払戻を求めてきたときは、管理人に対して、家庭裁判所の許可を受けることを求めるべきです。また、家庭裁判所が許可事項ではないと判断するのであれば、相続財産管理人から、この間の事情を説明した念書を徴求して支払うべきです。

また、BがAの貯金通帳・証書・届出印章を持って、直接、JAの窓口にやってきた場合、安易にBの事情説明を信用するのではなく、正式に家庭裁判所に対して特別縁故者の分与手続をとるように求める必要があります。

68

【貯金の相続】

●相続人の１人による相続貯金の取引経過開示請求

貯金者Ａについて相続が開始し、共同相続人（配偶者Ｂと子Ｃ・Ｄ）の１人Ｃから、Ａの相続貯金の残高証明書の発行依頼と貯金取引履歴の開示請求がありました。どのように対応すればよいでしょうか。

68

残高証明書および取引履歴の開示請求については、請求者が共同相続人の１人であっても、ＪＡはこれに応じる義務があります。

解説

1　相続貯金の残高照会

相続人は、自己のために相続開始があったことを知った時から３ヵ月以内に、単純承認または相続放棄や限定承認を決めなければなりません（民法915 条１項）。そこで、相続人は、相続の承認や放棄等を選択するために、相続財産の調査をすることができます（同条２項）。

例えば、貯金者Ａについて相続が開始した場合、Ａの相続人は、Ａの相続財産がどのような状態となっているかを調査するため、相続貯金や借入残高等について残高証明書の発行依頼を受けることがあります。

既述のとおり、相続人には被相続人の相続財産を調査することが認められていますので、共同相続人の１人からの残高証明書の発行依頼であっても、ＪＡはこれに応じる義務があり、発行したからといって守秘義務違反を問われることはありません。

2　相続貯金等の取引履歴の開示請求

この点につき最高裁は、預金契約には委任契約や準委任契約の性質を有する事務も含まれることから、預金取引履歴の開示は委任事務の処理状況の報告として、金融機関は預金者に対しての義務を負い、その預金が相続された場合、当該預金の共同相続人の１人は、預金債権の一部を相続するだけでなく、共同相続人全員に帰属する預金契約上の地位に基づき、被相続人の当該預金口座についてその預金取引履歴の開示を求める権利を単独で行使できるとしています（最判平成21・１・22金融・商事判例1314号32頁）。

したがって、遺産分割協議前に共同相続人の１人が単独で取引履歴の開示請求をしてきた場合でも、金融機関はこれに応じる義務があります。

3 取引履歴以外の開示請求等の場合

（1）個々の払戻請求書の開示請求等の場合

個々の払戻請求書の開示請求があった場合は、取引履歴の開示とはいえないのでお断りすることで差支えないでしょう。

また、文書保存期間を経過する開示請求があった場合についても、保存期間経過を理由にお断りする対応で差支えないと考えられます。

（2）解約済みであった貯金の取引履歴開示請求の場合

相続開始前にすでに解約されていた預金について、相続開始後に取引履歴開示請求がなされた場合につき、裁判例（東京高判平成23・８・３金融法務事情1935号118頁）は、原則として開示義務を負わないものとしています。

（3）開示請求者の相続権に疑義がある場合

当該対象貯金を相続しない相続人から開示請求があった場合、その開示請求の理由が、遺留分減殺請求権の行使や遺産分割協議のやり直しなどを検討するためである場合は、これに応じても差支えないと考えられます。しかし、相続放棄の申述を行い受理された者による開示請求の場合は、応じることはできません。

Q 69

【貯金の相続】

●普通貯金の相続①（被相続人口座からの公共料金の引落）

貯金者Aが死亡して、相続が開始しました。Aとは普通貯金取引および公共料金の自動振替契約があります。Aの相続人は、配偶者Bと子C・Dとなっています。どのように対応すればよいでしょうか。

A 69

公共料金の口座振替はできなくなることを伝え、引落口座の変更手続をとるよう依頼します。

なお、相続人の同意が得られれば、A名義の普通貯金口座からの引落を継続することは可能ですが、できるだけ早期に引落口座の変更を行うよう依頼すべきです。

解説

1 口座振替の法的性質と判例の考え方

貯金者Aが自己の公共料金等の自動支払のためにする口座振替契約は、Aを委任者、ＪＡを受任者とする委任契約ですから、委任者Aの死亡または破産によって終了します（民法653条）。ただし、同条は強行規定ではなく任意規定ですから、委任契約の内容や当事者が特約を定めることにより、委任契約が終了しない場合があると解されています（判例・学説）。

例えば、最高裁は、委任者が、受任者に対し、入院中の諸費用の病院への支払、自己の死後の葬式を含む法要の施行とその費用の支払、入院中に世話になった家政婦や友人に対する応分の謝礼金の支払を依頼する委任契約は、当然に委任者の死亡によっても契約を終了させない旨の合意を包含する趣旨のものであり、民法653条の法意は合意の効力を否定するものではないとしています（最判平成4・9・22金融法務事情1358号55頁）。

また、預金者の死亡後は自動引落をしない旨の特約があるなどの特別な事情のない限り、預金者の死亡後であっても、金融機関は事務管理として自動引落を有効に行うことができるとした裁判例(注)（東京地判平成10・6・12金融・商事判例1056号26頁）があります。

（注）東京地判平成10・6・12要旨

「預金者が生前に税金の支払に関する自動振替の委任契約を締結し、預金者の死後に委任契約に基づき貯金の引落が行われた場合について、引落は、委任者（預金者）の死亡後に行われたものであるが、委任者と銀行との間の自動振替の委任契約に基づく裁量の余地のない実行行為であるから、委任者の死亡後は引落をしない旨の特約があるなどの特別の事情がない限り、委任者の死亡後にも事務管理として行いうる行為であり、特段の事情の認められない本件においては、引落は、有効であると解するのが相当である。」

2 質問の場合の実務対応

したがって、質問のような場合は、あらかじめ相続人に対して自動引落は停止され、当該公共料金の納付請求書が送付されることを伝えるとともに、速やかに公共サービスの契約名義人をAから相続人に変更してもらい、当該名義人の普通貯金口座による自動振替に変更するよう依頼すべきでしょう。

また、B・C・D全員の同意が得られれば、自動引落継続の取扱いをすることは可能ですし、子C・Dが未成年者の場合は、Bのみの同意により自動引落継続の取扱いにすることができます。ただし、このようなA名義での自動引落をいつまでも継続することは好ましくないので、速やかに公共サービスの契約名義人をAからBなどに変更してもらい、当該名義人の普通貯金口座による自動振替に変更すべきです。

70

【貯金の相続】

●普通貯金の相続②（アパートローン自動返済口座先の死亡）

アパートローン貸出先Aが死亡し、相続人は配偶者Bと子C・Dとなっています。同ローンの返済口座であるA名義の普通貯金口座から約定返済元利金を回収するため、引き続き自動引落をすることは可能でしょうか。

70

A名義の普通貯金口座に家賃を受け入れるとともに、アパートローン約定返済のための自動引落を行うことは可能ですが、実務上は相続人の同意を得るようにします。

解説

1　被相続人の口座へ家賃等の振込があった場合の対応策

普通貯金の相続の場合、Aが死亡しても貯金者としての地位はB・C・Dに承継されるので、金融機関は、Aの死亡後にアパートの家賃が振り込まれた場合、当該振込金を普通貯金に入金しても原則として問題はありません。

ただし、相続が開始した以上、指定された受取人名義の口座であっても、実は相続人名義の貯金ですから、後日、紛争が生ずる可能性がないとはいえません。また、被仕向銀行が仕向銀行に対して負担している委任契約上の善管注意義務の関係からも、仕向銀行経由で依頼人（アパートの賃借人）の意思を確認し、その指示に従って処理するのが無難と考えられます。

2　アパートローン等契約書上の自動返済条項の効力

アパートローン等の金銭消費貸借契約の場合、次の①・②の内容の自動振替条項が明記されていることが多くなっています。

①　債務者は、この契約に基づき負担する債務を返済するため、約定返済額

以上の金額を約定返済日の前日までに指定貯金口座に入金する。

② 金融機関は約定返済日に自動引落のうえ、この債務の返済に充当することができる。

これらの条項は、金融機関の債権回収の便宜等を主たる目的とするものであり、Ａの委託のみによる条項ではないことから、Ａにより一方的に解除できるものではなく、Ａの死亡によっても当然に終了するものではないと考えられます。

したがって、Ａの死亡後においても指定口座の残高を限度に事務処理（自動振替）を継続できるものと考えられます。

3 遺産分割協議によるアパートの相続と分割協議が調うまでの家賃の帰属

Ａの死亡後に振り込まれる家賃は遺産ではありませんので、相続開始時の残高は相続人と協議のうえ、相続貯金として別段貯金などに分別保管し、その後に振り込まれる家賃と混同しないようにすることが望ましいでしょう。

また、相続開始後から遺産分割協議が調うまでの間に振り込まれる家賃については、各共同相続人が共同相続した賃貸住宅の各法定相続分に応じて分割単独債権として確定的に取得し、その後にされた遺産分割の影響を受けません（最判平成17・9・8民集59巻7号1931頁）。

例えば、遺産分割協議において共同相続人の１人Ｂの単独所有とすることで合意し、相続開始時に遡ってアパートの所有権を取得したとしても、相続開始後かつ遺産分割協議が調うまでに発生した家賃は、相続開始時に遡って当該相続人Ｂのみに帰属するのではなく、Ｂ・Ｃ・Ｄが相続開始時の各法定相続分に応じて、それぞれ分割単独債権として確定的に取得します。

4 遺産分割協議が調うまでのアパートローンの帰属と自動返済の可否

また、アパートローンについて、共同相続人およびＪＡとの間で、相続人Ｂのみが承継することで合意したとしても、相続開始時から当該合意が調うまでの間は、共同相続人Ｂ・Ｃ・Ｄが相続開始時に各法定相続分に応じて分割承継した状態が継続されます。

したがって、Ｂ・Ｃ・Ｄが共同相続したＡの自動振替口座に、共同相続人が相続開始時の各法定相続分に応じてそれぞれ分割単独債権として確定的に取得した家賃を受け入れて、同じく共同相続したアパートローンの約定返済に充当することは差支えないものと考えられます。

ただし、相続開始後にＡ名義の返済口座に引き続き家賃を受け入れて、約定返済の自動引落を継続する扱いについては、後日のトラブル回避のため必ず共同相続人全員の承諾を得るようにします。そして、たとえば当該アパートおよびアパートローンをＢのみが承継するとの合意が相続人間で成立し、Ｂのみがアパートローンの債務者となることについてＪＡが同意した場合は、ＪＡとＢ・Ｃ・Ｄ間の債務引受契約などを経て、Ｂ名義の指定口座による自動振替契約を締結するようにします。

Q 71 【貯金の相続】

●当座勘定取引先の相続開始と生前振出小切手の支払

当座勘定取引先Ａが死亡して相続が開始しました。Ａの相続人は配偶者Ｂと子Ｃ・Ｄとなっています。Ａが生前に振り出した小切手が支払呈示された場合、どのように対応すればよいでしょうか。

A 71

支払呈示された小切手については、「振出人等の死亡」（０号不渡事由）により不渡返還するか、あるいは、相続人の同意を得たうえで、当座貯金残高の範囲内で支払うことも可能です。

解説

1 当座勘定取引の性質と相続開始による終了

当座勘定取引の法的性質について通説は、金銭の消費寄託契約と手形・小切手の支払についての支払委託契約とが結合したものと解しています。この支払委託契約は無償ですし、委託者（貯金者）の利益のみを目的とする契約ですから、委託者においていつでも解除することができ、また委託者の死亡により終了します。

2 当座勘定取引先の死亡をＪＡが知らなかった場合

また、委託者Ａが死亡した場合、ＪＡにおいてこれを知り得ないことがあり得ますが、民法655条は、「委任の終了事由は、これを相手方に通知したとき、又は相手方がこれを知っていたときでなければ、これをもってその相手方に対抗することができない」と定めているので、ＪＡが、委託者の死亡について過失なく知らない場合は、支払呈示された手形や小切手を支払っても問題になることはありません。

３　ＪＡが当座勘定取引先の死亡を知った場合の対応

（１）「振出人等の死亡」を事由とする不渡返還

ＪＡがＡの死亡を知った場合や、Ａの死亡が公知の場合に、Ａが振り出した手形や小切手が支払呈示された場合、これを不渡返還する場合の不渡事由は、当座勘定取引の委託者死亡による当然終了に伴う「取引なし」（１号不渡事由）と、「振出人等の死亡」（０号不渡事由）が重複します。１号不渡事由と０号不渡事由が重複する場合は、手形交換所規則上は「振出人等の死亡」を不渡事由とし、手形交換所への不渡届は提出しないことになります。

また、当座勘定規定ひな型24条１項は、「この取引が終了した場合には、その終了前に振り出された約束手形、小切手または引受けられた為替手形であっても、当行はその支払義務を負いません」と定めていますが、これは委任事務終了後のＪＡ等金融機関の善処義務の免除を受けるための規定であり、相続人全員の同意が得られれば、当座勘定の残高の範囲内で手形・小切手を支払うことも差支えないと考えられます。

（２）金融機関の支払権限に基づく支払

もう１つの方法は、小切手法33条に従い、そのまま支払う方法があります。同条は、「振出ノ後振出人ガ死亡シ又ハ行為能力ヲ失フモ小切手ノ効力ニ影響ヲ及ボスコトナシ」と定めていますが、振出人の死亡後においても支払人であるＪＡ等金融機関は、その小切手を支払うことにより、その結果を相続人の計算に帰せしめることができると解されています。

つまり、ＪＡは、委託者Ａの死亡により支払委託契約上の支払義務を負わないことになりますが、同条により支払権限は有するので、Ａの死亡後に支払呈示された手形や小切手を有効に支払うことができ、その効果をＡの相続人の計算に帰せしめることができるというわけです。

なお、前掲の当座勘定規定ひな型24条１項は、委任事務終了後のＪＡ等金融機関の善処義務の免除を受けることに目的があり、小切手法33条による支払権限までも否定する趣旨ではないと解されます。

Q 72 【貯金の相続】

●被相続人の普通貯金口座に振込入金された場合の取扱い

貯金者Ａが死亡して、相続が開始しました。相続開始後に振込があった場合、どのように対応すべきでしょうか。

A 72

被仕向銀行が仕向銀行に対して負担している委任契約上の善管注意義務の関係からも、仕向銀行経由で依頼人の意思を確認し、その指示に従って処理するのが無難と考えられます。

解説

1 普通貯金の相続開始と相続人の地位

普通貯金規定には、第三者からの口座振込があった場合は、ＪＡは普通貯金として受け入れる旨の規定があります。普通貯金は、何回でも、いくらでも入出金でき、残高がゼロになっても解約しない限り口座は存続し、貯金者が死亡しても当然に解約とはなりません。また、普通貯金契約は一身専属的契約ではないので、相続人は、貯金残高を相続するとともに普通貯金者としての地位も相続します。

2 相続開始後に振込があった場合

一方、相続開始後に普通貯金に振込があったときは、被仕向銀行は、普通貯金規定に従い、原則として当該振込金を貯金として受け入れる義務があり、入金の失念等により受取人に損害が発生した場合は、貯金契約上の債務不履行責任を負うことになります。

この被仕向銀行と受取人（貯金者）との関係は、貯金者が死亡しても相続人に承継されるので、貯金者死亡後であっても振込金を普通貯金に入金しても原則として問題はありません。

ただし、相続が開始した以上、指定された受取人名義の口座であっても、実は相続人名義の貯金ですから、後日の紛争が生ずる可能性がないとはいえません。

また、被仕向銀行は、仕向銀行に対して委任契約上の善管注意義務を負っており、さらに仕向銀行は振込依頼人に対し善管注意義務を負担しています。振込依頼人は、受取人死亡を知った場合、なお振込を完了させたい場合（家賃の振込の場合など）や振込を取り消したい場合（前払金の場合など）があるでしょうから、被仕向銀行としては、委任契約上の善管注意義務の関係からも、仕向銀行経由で依頼人の意思を確認し、その指示に従って処理するのが無難と考えられます。

Q 73

【貯金の相続】

●被相続人の当座貯金口座に振込入金された場合の取扱い

当座勘定取引先Ａが死亡して相続が開始しました。相続開始後に振込があった場合、どのように対応すべきでしょうか。

A 73

「該当口座なし」として返金する扱いが原則ですが、念のため、仕向銀行に照会し、振込人の意思を確認し、その指示に従い処理するのが無難です。

解説

1 当座貯金者の相続開始と相続人の地位

当座勘定取引は、Ｑ71で解説したとおり、取引先の死亡により当然に終了します。

したがって、当座貯金者の相続人は、当座貯金者としての地位を承継することはできません。

2 相続開始後に振込があった場合

当座勘定規定ひな型４条は、第三者からの振込金を貯金として受け入れる旨を規定しています。ただし、当座勘定取引は、その支払委託契約としての性質から、取引先の死亡により当然に終了し、同時に当座貯金も原則として解約されることになります。したがって、当座貯金への振込があったときは、「該当口座なし」として返金する対応が考えられます。

ただし、被仕向銀行が仕向銀行に対して負担している善管注意義務の観点からも、仕向銀行に照会し、振込人の意思を確認し、その指示に従い処理するのが無難です。

Q 74 【貯金の相続】

●年金受入口座の貯金者の相続開始

貯金者Ａは年金受給者であり、普通貯金は年金受入口座となっていますが、Ａが死亡し相続が開始しました。ＪＡとしてはどのように対応すべきでしょうか。

A 74

Ａの死亡を知った時に直ちに年金受入口座の支払停止措置等を行い、その後に振り込まれた年金については、年金受給者死亡を理由に返金します。また、遺族には、事案に応じたその後の対応を説明します。

解説

1 年金受給者の死亡と年金受給権

年金受給者が死亡すると、年金受給権がなくなります。ただし、年金は、偶数月の15日にその前の2ヵ月分が支給される（つまり後払い）ため、死亡した受給権者本人は、死亡した月の分まで受給権があります。

例えば、Ａが6月に死亡した場合は、6月分まで受給権がありますが、6月15日にその前2ヵ月分が振り込まれ受給していた場合は、未支給分は6月分のみとなり、Ａと生計を同じくしていた遺族が当該未支給年金を受け取ることができます。ただし、受け取る権利のある遺族は、Ａが亡くなった当時、Ａと生計を同じくしていた、①配偶者、②子、③父母、④孫、⑤祖父母、⑥兄弟姉妹、⑦その他①～⑥以外の3親等内の親族であり、未支給年金を受け取れる順位もこのとおりです。

なお、Ａが死亡した場合は、年金事務所等に対する「死亡届」の提出が必要です。ただし、Ａにつき日本年金機構にマイナンバーや住民票コードが収録されている場合は、原則として「死亡届」を省略できます。ただし、未支給年金の届出などは必要です。死亡届が必要な場合は、10日（国民年金は

14 日）以内に「死亡届」に死亡年月日、年金証書に記載されている基礎年金番号と年金コード、生年月日などを記入し、Ａの年金証書と、死亡を明らかにすることができる書類（戸籍抄本または住民票の除票など）を添えて、年金事務所または街の年金相談センターに提出します。

2 金融機関の対応

ＪＡは、貯金者Ａの死亡を確認できた場合は、直ちに年金受入口座等について支払停止等の措置をとります。例えば、Ａが６月に死亡し、６月 15 日までに支払停止等の措置をとった場合は、15 日に振り込まれた年金については年金受給者死亡を理由に返金します。

この場合の未支給年金は４月分から６月分までの３ヵ月分となり、遺族は、年金事務所等に「死亡届」と「未支給年金請求書」を提出すれば受け取ることができます。

しかし、ＪＡが、Ａが６月に死亡したことを知らず、遺族から年金事務所等に「死亡届」もしなかったことから、６月 15 日の支給に続き、８月 15 日にも６月分と７月分の年金が支給された場合、７月分は過払いとなるので、年金事務所等から遺族に対して過払分の返還請求がされます。

ＪＡとしては、遺族に対して、以上のような事案に応じた対応を伝えます。

75

【貯金の相続】

●貸越金残高のある総合口座取引先の相続開始

貸越金残高のある総合口座取引先Aが死亡し、相続が開始しました。相続人は配偶者Bと子C・Dとなっています。JAとしては、どのように対応すべきでしょうか。

A
75

貸越元利金が多額の場合は、相続開始後の貸越金に対する遅延損害金の負担を軽減するため、相続開始後速やかに払戻充当の方法によって債権債務の差引計算処理を行い、払戻充当を行った旨を相続人に通知する方法が考えられます。

解説

1 貸越元利金の即時支払事由

総合口座取引規定ひな型12条は、貸越元利金の即時支払事由を定めています。同条1項は、金融機関からの請求がなくても当然に貸越元利金の弁済義務を負う場合として、①支払停止または破産、民事再生手続開始の申立があったとき、②相続の開始があったとき、③貸越金利息の元本組入れにより極度額を超えたまま6ヵ月を経過したとき、④所在不明となったとき、と規定しています。したがって、口座名義人Aが死亡したときは、すでに発生している貸越元利金は、Aの死亡の時に支払期限が当然に到来します。

2 貸越元利金の相殺等による回収と残余担保定期貯金の相続処理

支払期限が到来した貸越元利金については、相続人（配偶者Bと子C・D）がA死亡の時に分割承継し、即時支払義務を負担します。そして、金融機関は、相続人が承継した担保定期貯金が満期未到来でも貸越元利金と相殺して回収することができます（総合口座取引規定ひな型14条1項1号前段)。

また、相殺できる場合は、事前の通知および所定の手続を省略し、この取引の担保定期貯金を払戻、貸越元利金等の弁済に充てることもできます（同規定ひな型14条1項1号後段)。なお、相殺等をする場合、債権・債務の利息および損害金の計算については、その期間を計算実行の日までとし、担保定期貯金の利率はその約定利率によって計算することになります（同規定ひな型14条2項)。

そこで、貸越元利金が多額の場合は、相続開始後の貸越金に対する遅延損害金の負担を軽減するため、相続開始後速やかに払戻充当の方法（同規定ひな型14条1項1号後段）によって債権・債務の差引計算処理を行い、払戻充当を行った旨を相続人に通知する方法が考えられます。また、貸越元利金が少額であり、その金額に見合う担保定期貯金がない場合は、差引計算は相続人の同意を得て行う方法でも差支えないものと考えられます。

例えば、貸越残高が1万円で担保定期貯金が100万円の場合に、100万円を解約して1万円を回収し、99万円を普通貯金に残す扱いが相続人の意向に沿うものか疑問があるためです。

なお、いずれの場合も、貸越元利金を回収した残余の担保定期貯金は相続貯金ですから、相続手続に従って処理します。

76

【貯金の相続】

●投資信託受益権の償還金等の法定相続分支払の可否

取引先Ａが死亡し、Ａの委託者指図型投資信託の受益権が共同相続された後、その収益分配金と元本償還金が発生し、預かり金としてＡ名義の貯金口座に入金されました。Ａの共同相続人の１人Ｘから、当該預かり金債権のうち、Ｘの法定相続分に相当する金員の支払を請求されました。この申出に応じることは可能でしょうか。

A 76

Ａ名義の口座に入金されたことによる預かり金返還請求権は、当然に相続分に応じて分割されることはなく、Ｘは、その相続分に相当する金員の支払を請求することはできません（判例）。したがって、他の共同相続人の同意が得られない限り、Ｘの申出に応じることはできません。

解説

1　委託者指図型投資信託の受益権は当然に分割承継されるか

委託者指図型投資信託の受益権は当然に分割承継されるか否かについて、判例（最判平成26・２・25民集68巻２号173頁）は、委託者指図型投資信託（投資信託及び投資法人に関する法律２条１項）の受益権は、口数を単位とするものであるが、その内容として、法令上、償還金請求権および収益分配請求権（同法６条３項）という金銭支払請求権のほか、信託財産に関する帳簿書類の閲覧または謄写の請求権（同法15条２項）等の委託者に対する監督的機能を有する権利が規定されており、可分給付を目的とする権利でないものが含まれている。このような権利の内容および性質に照らせば、共同相続された前記投資信託受益権は、相続開始と同時に当然に相続分に応じて分割されることはないというべきであるとしています。

したがって、委託者指図型投資信託受益権は不可分債権（民法428条）であり、これの共同相続人Xは、当該受益権の共有持分の分割請求を求めることはできません。

2 「本件預かり金債権」の法定相続分支払の可否

質問の場合、相続開始時点の本件投資信託受益権は当然に相続分に応じて分割されませんが（前掲最判平成26・2・25）、Aの死亡後に元本償還金等がA名義口座に入金された時に当該受益権が消滅し、本件預かり金債権に転化しているのではないかと解される余地があります。そうであれば、本件預かり金債権は可分債権であり、共同相続人Xが分割承継したものとして、その相続分の払戻請求ができる余地があります。

しかしながら、最高裁平成26年12月12日判決（金融・商事判例1463号34頁）は、前掲平成26年2月25日判決を引用したうえで、元本償還金または収益分配金の交付を受ける権利は委託者指図型投資信託受益権の内容を構成するものであるから、共同相続された前記受益権につき、相続開始後に元本償還金または収益分配金が発生し、それが預かり金として前記受益権の販売会社における被相続人名義の口座に入金された場合にも、前記預かり金の返還を求める債権は当然に相続分に応じて分割されることはなく、共同相続人の１人は、前記販売会社（金融機関）に対し、自己の相続分に相当する金員の支払を請求することができないというべきであるとしています。

つまり、不可分債権であった本件投資信託受益権につき、相続開始後、収益分配金だけでなく元本償還金が被相続人名義の口座に入金された場合に、本件預かり金は、不可分債権から可分債権へとその性質を転じて、共同相続人が各自の法定相続分に応じて分割取得することはないとの判断を示したものです。

77

【貯金の相続】

●「特別の受益」と改正相続法の取扱い

貯金取引先Aが死亡しました。相続人は配偶者Bと子CDですが、Aの相続財産は貯金2,000万円と不動産3,000万円相当です。ただし、Bは、Aから住居（土地・建物4,000万円相当）を生前贈与されていますが、遺産分割協議にこの生前贈与を反映させるのでしょうか。

A
77

相続人Bが生前贈与を受けた土地・建物4,000万円相当は、「生計の資本としての生前贈与」に当たるので、「特別の受益」に該当します。したがって、被相続人Aの相続開始時の相続財産5,000万円にこの「特別の受益」4,000万円を加算したものを相続財産とみなして、共同相続人の各法定相続分を算出し、Bの相続分については、この算出した相続分から「特別の受益」4,000万円を控除した金額となります。

なお、改正相続法施行日以後に、一定の要件が備わって持戻し免除の意思表示が推定されると、配偶者Bが生前贈与を受けた居住用不動産4,000万円は、持戻しが免除されるため遺産分割の対象とはならず、Bがそのまま受け取ります。

解説

1 「法定相続分」と「具体的相続分」

（1）「法定相続分」とは

相続人が数人あるときは、相続財産は、その共有に属し（同法898条）、各共同相続人は、その相続分に応じて被相続人の権利義務を承継します（同法899条）。さらに、同順位の相続人が数人あるときは、その相続分は、原則として相等しいものとなります（同法900条）。

例えば、夫Aが死亡し、相続人が配偶者Bと子CDの場合は、Bの相続分は「２分の１」、CとDの相続分は各「４分の１」となります。

また、CがAの死亡以前に死亡していたため相続人が配偶者Bと子Dおよび代襲相続人（Cの子）Eの場合は、Bの相続分は「２分の１」、CおよびEの相続分は各「４分の１」となります（民法901条）。

「法定相続分」とは、この民法900条や901条にいう「相続分」であり抽象的な数字的割合とされ、その対象については、被相続人Aが死亡した時にAの財産に属した一切の権利義務（同法896条）ということになります。

（2）「具体的相続分」とは

「法定相続分」の対象は、相続開始の時（被相続人死亡の時）に存する被相続人の財産に属した一切の権利義務であるのに対し、「具体的相続分」の対象は、この法定相続分の対象だけでなく、「特別の受益」や「特別の寄与」を考慮したものとなります。この「具体的相続分」によって、共同相続人間の実質的な公平を図ることができます。

2 「具体的相続分」と「特別の受益」

（1）「特別の受益」とは

共同相続人の１人が、被相続人から婚姻や生計の資本として生前贈与を受けていた場合は、相続開始時に被相続人が有した財産の価額にその贈与の価額を加えた（「持戻し」[注1] した）ものを相続財産とみなし、法定相続分の規定により算定した相続分の中からその贈与の価額を控除した残額をもってその者の相続分とします（民法903条１項[注2]）。

この婚姻や生計の資本として生前贈与を受けた利益のことを、「特別の受益」といい、受けた者を「特別受益者」といいます。

（注１）「持戻し」：相続財産に贈与（特別受益）の価額を加算することを、特別受益の「持戻し」という。また、この加算した額を基礎として（相続財産とみなして）各共同相続人の具体的相続分を計算する。
（注２）民法903条１項：「共同相続人中に、被相続人から、遺贈を受け、又は婚姻若しくは養子縁組のため若しくは生計の資本として贈与を受けた者があるときは、被相続人が相続開始の時において有した財産の価額にその贈与

の価額を加えたものを相続財産とみなし、前３条の規定により算定した相続分の中からその遺贈又は贈与の価額を控除した残額をもってその者の相続分とする。」

（2）特別受益者となる者と持戻しの対象となる「特別の受益」

特別受益者となる者とは、①遺贈を受けた者、②婚姻・養子縁組のための贈与を受けた者、③生計の資本としての贈与を受けた者です。

このうち、①の遺贈された財産は、その目的を問わず、すべて「特別の受益」として持戻しの対象になります。しかし、②の婚姻・養子縁組のために贈与された財産、もしくは③の生計の資本として贈与された財産が、「特別の受益」になるかどうかについては、被相続人の資産・収入、社会的地位、その当時の社会的通念を考慮して個別に判断すべきものとされています。

例えば、①婚姻の際の持参金（ただし、結納金や挙式費用は「特別の受益」には当たらないとされています）や、②独立して開業するときの開業資金、③住宅取得資金、④私立医科大学への多額の入学金、などは「特別の受益」に当たり、持戻しの対象となるものとされています。

（3）「特別の受益」を反映させた「具体的相続分」

質問の場合、被相続人Ａが有していた相続財産は貯金2,000万円と土地建物3,000万円ですが、Ｂが4,000万円の生前贈与（特別受益）を受けていたわけですから、相続開始時の相続財産合計5,000万円に特別受益4,000万円を加えた（持戻した）9,000万円を相続財産とみなします（以下「みなし相続財産」という）。なお、相続貯金2,000万円は、相続開始と同時に法定相続分に応じて当然に分割されることはなく、遺産分割の対象になります（最大決平成28・12・19金融・商事判例1510号37頁、最判平成29・４・６金融・商事判例1521号８頁）。

そして、この「みなし相続財産」9,000万円に対するＢの法定相続分２分の１（4,500万円）から、生前贈与4,000万円を除いた500万円が、Ｂが受けるべき具体的相続分となります。

なお、Ｃの具体的相続分は、「みなし相続財産」9,000万円×Ｃの法定相続分４分の１＝2,250万円であり、Ｄの具体的相続分はＣと同様になります。

3 改正相続法への対応

（1）持戻し免除の意思表示の推定

改正相続法によれば、被相続人が配偶者に生前贈与した居住用建物または敷地について、被相続人が持戻し免除の意思表示をしなくても、一定の要件が備われば、持戻し免除の意思表示が推定されます（改正民法903条4項）。

この制度は2019年7月1日に施行され、同日以降に発生した相続について適用されます。ただし、施行日前にされた遺贈または贈与については適用されない（民法及び家事事件手続法の一部を改正する法律附則4条）ので、注意が必要です。

例えば、改正法施行日以後に配偶者Ｂが被相続人Ａから生前贈与（居住用土地・建物4,000万円相当）を受けた場合、Ａが持戻し免除の意思表示をしなくても、一定の要件が備われば、持戻し免除の意思表示が推定されます。

一定の要件とは、生前贈与または遺贈の時期が改正法施行日以後であり、①遺贈または生前贈与の相手方が配偶者であること、②その配偶者との婚姻期間が20年以上であること、③遺贈または生前贈与の対象が、居住用の建物または敷地であること、となっています。以上の要件に該当すれば、当該生前贈与については持戻し免除の意思表示が推定されます。ただし、生前贈与または遺贈の時期が改正法施行日前であれば、当該生前贈与等については持戻し免除の意思表示は推定されません。

（2）相続人の相続分

持戻し免除の意思表示が推定されると、配偶者Ｂが生前贈与を受けた居住用不動産4,000万円は、持戻しが免除されるため遺産分割の対象とはならず、Ｂがそのまま受け取ります。遺産分割の対象財産は被相続人Ａの貯金2,000万円と不動産3,000万円となり、各相続人の相続分は以下のようになります。

Ｂは、5,000万円×１／２＝2,500万円

ＣおよびＤは、それぞれ5,000万円×１／４＝1,250万円

したがって、配偶者Ｂは、生前贈与を受けた土地・建物4,000万円と預貯金等2,500万円を承継することができます。

78 【貯金の相続】

●相続人等による「特別の寄与」と改正相続法の取扱い

貯金取引先Aが死亡しました。相続人は子B・C・Dですが、DがAの療養看護のため退職し、献身的に介護等を行っていた場合、遺産分割協議において、このことをどのように反映すればよいでしょうか。

また、例えば、DがAよりも先に死亡していたが、Aと同居していたDの配偶者Eが、Aの療養看護のため長期にわたって献身的に介護等を行っていた場合、Eの寄与分を反映させることはできないでしょうか。

A 78

Dの献身的な療養看護は、被相続人Aの財産の維持または増加について、「特別の寄与」をした場合に該当するものと考えられます。そこで、Dの寄与分の金額を相続人間の協議によって決定し、相続開始時に被相続人Aが有した財産の価額から当該寄与分の金額を控除したものを相続財産とみなします。そして、当該みなし相続財産に対する各共同相続人の法定相続分を算出し、Dの相続分については、当該算出した法定相続分に寄与分の金額を加えた金額となります。

なお、改正相続法施行後は、被相続人Aの亡子Dの配偶者Eが、Aの療養看護のため長期にわたって献身的に介護等を行っていたのであれば、Eの寄与分を反映させる特別寄与料の権利が認められます。

解説

1 「特別の寄与」とは

共同相続人の中に、被相続人の財産を維持または増加するために貢献した者がいた場合、当該増加分（寄与分）を具体的相続分に反映させることによって、共同相続人間の実質的な公平を図ることができます。

例えば、共同相続人の１人が、被相続人の事業に関する労務の提供または財産上の給付を行ったり、被相続人の療養看護その他の方法により、被相続人の財産の維持または増加について、「特別の寄与」をした場合は、相続開始時に被相続人が有した財産の価額から当該相続人の寄与分を控除したものを相続財産とみなし、法定相続分の規定により算定した相続分に寄与分を加えた額をもってその者の相続分とするものと定められています（民法904条の２第１項)。

具体的には、次のような場合が「特別の寄与」に該当し、寄与分が認められます。

① 被相続人の事業をほとんど無給で手伝ってきた場合
② 被相続人の事務所や工場の増改築費を提供した場合
③ 被相続人の療養看護のため退職し、献身的に介護してきた場合

2 「特別の寄与」を反映させた「具体的相続分」

例えば、質問の場合のＡの死亡時に、Ａが有していた相続財産が貯金2,000万円と土地建物5,000万円であったとします。この場合に、相続人ＤがＡの療養看護を退職してまで献身的に行っていたため、その寄与分の額が相続人間の協議で1,000万円と決定(注)されると、相続開始時の相続財産合計7,000万円からその寄与分1,000万円を控除した6,000万円を相続財産とみなします。

そして、この「みなし相続財産」6,000万円に対するＤの法定相続分３分の１（2,000万円）に、寄与分1,000万円を加算した3,000万円が、Ｄが受けるべき具体的相続分となります。

また、Ｂの具体的相続分は、「みなし相続財産」6,000万円×Ｂの法定相続分３分の１＝2,000万円となり、Ｃの具体的相続分についても、Ｂと同様に2,000万円となります。

なお、以上の特別の寄与をした相続人の寄与分に関する規定は、改正相続

法施行後も変更はありません（改正民法904条の２）。

（注）寄与分の決定
　寄与分は、原則として相続人全員の話し合い（協議）で決定する。また、協議が調わないときは、家庭裁判所に調停や審判を申し立ててその額を決めてもらうことになる。ただし、寄与分の審判は、遺産分割の前提問題として行われるものであり、あらかじめ遺産分割審判の申立がなされていなければならない。

3 改正相続法に基づく特別の寄与

　改正相続法では、被相続人に対して無償で療養看護その他の労務の提供をしたことにより被相続人の財産の維持または増加について特別の寄与をした相続人の親族（特別寄与者）は、相続の開始後、相続人に対し、特別寄与者の寄与に応じた額の金銭（特別寄与料）の支払を請求することができます（改正民法1050条１項）。質問の場合のように、被相続人Ａの亡子Ｄの配偶者Ｅが、Ａの療養看護のため長期にわたって献身的に介護等を行っていたのであれば、Ｅの寄与分を反映させる特別寄与料の権利が認められます。

　特別寄与者Ｅによる特別寄与料の請求の相手方は、被相続人Ａの相続人ＢおよびＣです。ただし、Ｅが相続の開始および相続人を知った時から６ヵ月を経過したとき、または、相続開始の時から１年を経過したときは、特別寄与料の請求はできなくなります（改正民法1050条２項）。

　この相続人の親族（特別寄与者）による特別の寄与の制度は、2019年７月１日に施行されます。同日前に発生した相続については、この特別の寄与の請求は認められません。

79 【貯金の相続】

●遺留分を侵害された場合の対応と改正相続法の取扱い

貯金取引先Ａについて相続が開始しました。Ａの法定相続人は配偶者Ｂと子ＣおよびＤですが、Ａは、その全財産をＢに「相続させる」旨の遺言を遺していることが判明しました。相続財産は、不動産3,000万円と貯金3,000万円であり、借入金や生前贈与等はありません。子ＣおよびＤは、この遺言を容認するほかないのでしょうか。また、改正相続法の取扱いはどうなるのでしょうか。

A 79

相続人ＣおよびＤは、相続人Ｂに対する意思表示によって、侵害された遺留分の請求（遺留分減殺請求権の行使）をすることができます。ＣおよびＤがこの遺留分減殺請求権を行使すると、遺留分侵害額相当について法律上当然に減殺の効力が生じ、Ｂが相続した不動産および貯金は当然にＣおよびＤとの共有となります（物権的効果）。

したがって、遺留分減殺請求権の行使がされない場合は、相続貯金はＢに払い戻すことになりますが、遺留分減殺請求権が行使された場合はＢ・Ｃ・Ｄの共有貯金となるので、Ｂ・Ｃ・Ｄ全員の同意がなければ払戻に応じることはできません。

これに対し、改正相続法では、遺留分に関する権利（以下「遺留分権」という）の行使によって、当然に共有関係になることはなく、遺留分侵害額に相当する金銭債権のみが生じることになります（債権的効果）。

したがって、遺留分権が行使されたとしても、相続貯金の貯金者はＢであり、Ｂに払い戻すことになります。ＣおよびＤは、Ｂに対して遺留分権を行使して遺留分侵害額の支払を請求することになります。

なお、この遺留分制度に関する改正相続法は2019年7月1日に施行され、同日以後に開始した相続について適用されます。

解説

1 遺留分の額と遺留分侵害額

相続が開始すると、法定相続人は、一定の割合で相続財産を受け継ぐものと定められており（民法900条)、この一定の割合のことを法定相続分といいます。一方、被相続人は、遺言によって、あらかじめ法定相続分と異なる相続分（遺産の配分）を定めておくことができますが（同法902条1項)、遺言の内容によっては、遺言者と生計をともにしている法定相続人が生計を維持できなくなるおそれもあり得ます。

そこで民法は、兄弟姉妹を除く法定相続人は、遺留分として、相続財産の一定割合の額を受けるものと定め（民法1028条)、遺言は、この遺留分に関する規定に違反することができないものとしています（遺贈の場合につき同法964条但書き)。

（1）遺留分を受けることのできる法定相続人

遺留分を受けることのできる法定相続人とは、「子（代襲相続人を含む)」「直系尊属」および「配偶者」です。

（2）遺留分の割合

遺留分の割合は、①直系尊属のみが相続人の場合は、被相続人の財産の3分の1であり、②その他の場合は、被相続人の財産の2分の1となっています。例えば、被相続人Xの法定相続人が直系尊属である父Yと母Zのみという場合、遺留分の割合は、Xの相続財産の3分の1となり、YとZの遺留分はそれぞれ6分の1（遺留分の割合3分の1×2分の1）となります。

また、質問の場合のように被相続人Aの法定相続人が配偶者Bと子CDという場合、遺留分の割合はAの相続財産の2分の1となります。そして、法定相続分はBが２分の１で、CおよびDがそれぞれ４分の１ですから、BCDの各遺留分は、Bは４分の１（遺留分の割合２分の１×法定相続分２分の１）、CおよびDはそれぞれ８分の１（遺留分の割合２分の１×法定相続分４分の１）となります。

（3）遺留分の額と遺留分侵害額の算定方法

遺留分の額と侵害額の算定方法について、判例（最判平成８・11・26金融・商事判例1014号18頁）は、「遺留分の額は、民法1029条、1030条、1044条に従って、被相続人が相続開始の時に有していた財産全体の価額にその贈与した財産の価額を加え、その中から債務の全額を控除して遺留分算定の基礎となる財産額を確定し、それに……1028条所定の遺留分の割合を乗じ、複数の遺留分権利者がいる場合は更に遺留分権利者それぞれの法定相続分の割合を乗じ、遺留分権利者がいわゆる特別受益財産を得ているときはその価額を控除して算定すべきものであり、遺留分の侵害額は、このようにして算定した遺留分の額から、遺留分権利者が相続によって得た財産がある場合はその額を控除し、同人が負担すべき相続債務がある場合はその額を加算して算定するものである。」としています。これを算式で示すと、次のようになります。

①遺留分算定の基礎となる財産額

＝相続開始時の財産額＋贈与額（特別受益額）－全債務額

質問の場合、(不動産3,000万円＋貯金3,000万円)＋０－０＝6,000万円

②遺留分額

＝遺留分算定の基礎となる財産額×遺留分の割合×法定相続分－贈与額（特別受益額）

質問の場合、B：6,000万円×２分の１×２分の１－０＝1,500万円

CおよびD：6,000万円×２分の１×４分の１－０

＝各750万円

③遺留分の侵害額

＝遺留分額－相続によって得た財産額＋負担すべき相続債務

質問の場合、B：1,500万円－6,000万円＋０＝侵害額は０

CおよびD：750万円－0＋0＝各750万円

2 改正相続法における遺留分と遺留分侵害額の算定方法

改正相続法の遺留分侵害額の算定方法は、①遺留分を算定するための財産の価額（遺留分算定の基礎となる財産額）の計算式（改正民法1043条）、②遺留分の計算式（改正民法1042条）、③遺留分侵害額の計算式（改正民法1046条）によることになりますが、その内容は、現行民法と同様の解釈となります。

ただし、「遺留分を算定するための財産の価額」に算入することになる生前贈与（特別受益：婚姻もしくは養子縁組のためまたは生計の資本として受けた贈与）の範囲については、相続開始前の10年間のものに限る旨の定めが新設されています（改正民法1044条3項）。

3 遺留分減殺請求権等の行使方法

遺留分を侵害された場合、遺留分権利者が、その侵害された遺留分を請求する権利を遺留分減殺請求権といいます。

（1）遺留分減殺請求権の行使方法

この遺留分減殺請求権の権利行使の方法について、判例（最判昭和41・7・14民集20巻6号1183頁）は、減殺請求権は形成権（注1）であって、その権利の行使は受贈者または受遺者に対する意思表示によってなせば足り、一たんその意思表示がなされた以上、法律上当然に減殺の効力を生ずるとしています（物権的効果（注2））。

（注1）形成権とは、権利者の単独で一方的な意思表示によって一定の法律関係を発生させることのできる権利をいう。具体的には、解除権、取消権、相殺権、追認、認知、遺留分減殺請求権などがある。
（注2）現行民法では、遺留分減殺請求権の行使によって、遺留分侵害額相当について当然に遺留分権利者に特定の相続財産（不動産等）の所有権等の権利が帰属しますが、これを物権的効果という。判例（最判昭和51・8・30民集30巻7号768頁）も、遺贈または贈与の目的財産が特定物である場合には、減殺請求によって、遺贈または贈与は遺留分を侵害する限度において失効し、受遺者または受贈者が取得した権利は、その限度で当然に減殺請求

をした遺留分権利者に帰属するとしている。

（2）裁判外での請求手順とその効果

遺留分減殺請求権の行使は、必ずしも裁判上の手続によらなくてもよく、相手方に対する意思表示によって行えば足りますが、その意思表示は、相手方に到達する必要があります（民法97条1項）。質問の場合は、遺留分を侵害された法定相続人ＣまたはＤから、法定相続分よりも多くの財産を承継した相続人Ｂに対する意思表示によって行えばよいのです。

ただし、遺留分減殺請求権の行使は、後記の通り、遺留分権利者が、相続の開始及び減殺すべき贈与または遺贈があったことを知った時から１年間行使しないときは、時効によって消滅するので、時効消滅前に減殺請求を行ったことを証明できるようにしておく必要があります。そこで、通常は、Ｂに対して、配達証明付内容証明郵便によって遺留分減殺請求を行います。そして、この内容証明がＢに到達したときは、法律上当然に減殺の効力が生じることになります。

したがって、この遺留分減殺請求の通知がＢに到達した時に、Ａの遺言によってＢが相続した不動産および貯金のうち遺留分侵害相当額については、法律上当然にＣまたはＤの共有持分となるので、当該相続貯金3,000万円は、ＢＣＤ全員の同意がなければ払戻に応じることはできなくなります。

4 遺留分侵害額（改正相続法）の請求方法

現行民法では、遺留分減殺請求権の行使によって当然に物権的効果が生じ、遺産である不動産や預貯金等について共有関係が生じるとしていますが、改正相続法では、遺留分権の行使によって当然に物権的効果（共有関係）が生ずることはなく、遺留分侵害額に相当する金銭債権のみが生ずる（債権的効果）としています（改正民法1046条1項）。

したがって、ＣおよびＤが遺留分権を行使したとしても、相続不動産3,000および相続貯金3,000万円は依然としてＢの不動産でありＢの貯金ですから、当該相続貯金はＢに対して払戻をすることになります。ＣおよびＤは、Ｂに対する遺留分権の行使によって遺留分侵害額（各750万円）の支払を請求することになります。

5 遺留分減殺請求権の消滅時効と除斥期間

（1）遺留分減殺請求権の消滅時効

民法1042条は、遺留分減殺請求権を行使できる期間を定めています。すなわち、「減殺の請求権は、遺留分権利者が、相続の開始及び減殺すべき贈与又は遺贈があったことを知った時から1年間行使しないときは、時効によって消滅する。相続開始の時から10年を経過したときも、同様とする。」と規定しています。

例えば、相続の開始及び減殺すべき贈与または遺贈があったことを令和○年X月9日に知った場合は、同月10日から時効が進行し、翌年X月9日までに減殺請求権を行使しないときは、時効によって消滅することになります。ただし、「知った時」とは、単にその贈与や遺贈がなされた事実を知ったというだけではなく、その贈与等によって自分の遺留分額が侵害され、減殺請求の対象となることを認識したことが必要と解されています。

（2）遺留分減殺請求権の除斥期間

また、相続開始の時から10年を経過した場合は遺留分減殺請求権が消滅しますが、この10年の期間は消滅時効の期間ではなく、除斥期間と解されています。つまり、遺留分権利者が、相続開始等を知らず、遺留分を侵害されていることを知らないため、遺留分減殺請求権の消滅時効が進行せず時効消滅しなかったとしても、相続開始の時から10年を経過すると、この除斥期間の定めによって遺留分減殺請求権は消滅することになります。

6 遺留分侵害額請求権（改正相続法）の消滅時効と除斥期間

改正相続法が定める遺留分侵害額の請求権は、遺留分権利者が、相続の開始および遺留分を侵害する贈与または遺贈があったことを知った時から1年間行使しないときは時効によって消滅します。また、相続開始の時から10年を経過したときも消滅（除斥期間）します（改正民法1048条）。

80 【貯金の相続】

●遺産分割協議が無効となる場合

遺産分割協議は、どのような場合に無効となりますか。また、遺産分割協議に従って相続貯金の払戻を行ったところ、後日当該遺産分割協議は無効であることが判明した場合、当該相続貯金の払戻の効力はどうなりますか。

A 80

共同相続人を１人でも欠く遺産分割協議は無効となります。また、遺言に反する遺産分割協議もその効力は認められません。また、遺産分割協議が詐害行為になるとして取り消される場合があります。ただし、無効な遺産分割協議であることにつき善意・無過失で相続貯金の払戻を行った場合は、債権の準占有者に対する弁済としての効力が認められます。

解説

1 遺産分割協議は共同相続人全員による協議が必要

共同相続人の協議による遺産分割は、共同相続人「全員」の協議によらなければなりません（民法 907 条１項）。共同相続人の１人でも欠ける遺産分割協議は無効であり、行方不明者や胎児を除く協議は無効となります。

また、共同相続人の１人から遺産分割協議前に相続分の譲渡を受けた者（民法 905 条）は、相続人の地位を承継すると解されているので（東京高判昭和 28・９・４判例時報 14 号 16 頁）、この者を除く遺産分割協議も無効となります。さらに、包括受遺者は相続人と同一の権利義務を有する（同法 990 条）とされているので、この者を除く遺産分割協議も無効となります。

なお、遺産分割協議後に、失踪宣告が取り消された場合や、認知の訴えが認められて、共同相続人が実は他にも存在していたことが判明した場合は、結果として、当該遺産分割協議は共同相続人全員による協議ではなかったことになり、当該協議は無効となるのか否かが問題となります。

前者の場合は、他の共同相続人は現存利益の返還義務を負う（同法32条2項）とされているので、遺産分割協議は無効とはなりません。また、後者の場合も、他の共同相続人は価格賠償義務を負う（同法910条）とされているので、認知が認められた子を除く遺産分割協議も無効とはなりません。

2 遺言に反する遺産分割協議

（1）遺言を知らずに分割協議した場合の当該協議の効力

遺産分割協議は各共同相続人の意思表示によって行われるので、その意思表示が錯誤や詐欺によるものであった場合は、各共同相続人はその無効や取消を主張することができます。

例えば、遺言の存在を知らないでなされた遺産分割協議について要素の錯誤の有無が争われた判例（最判平成5・12・16金融・商事判例945号14頁）があります。同判例は要旨「特定の土地につきおおよその面積と位置を示して分割したうえ、それぞれ相続人甲、乙、丙に相続させる趣旨の分割方法を定めた遺言が存在したのに、相続人丁が右土地全部を相続する旨の遺産分割協議がなされた場合において、相続人の全員が右遺言の存在を知らなかったなど判示の事実関係の下においては、甲のした遺産分割協議の意思表示に要素の錯誤がないとはいえない」としています。

（2）遺言に反する分割協議の効力

また、遺言執行者が遺言内容を実現させるために提起した訴訟において、遺言内容と異なる分割協議の成立を主張することの可否について、裁判例（大阪地判平成6・11・7判例タイムズ925号245頁）が次のように判示しています。すなわち、「遺言執行者としては、被相続人の意思にしたがって右権利関係の実現に努めるべきところであり、相続人間において、これに反する合意をなして、遺言内容の実現を妨げるときは、これを排除するのが任務でもある。したがって、相続人間における遺産分割が、贈与契約ないしは交換契約等として、遺言内容の事後的な変更処分の意味でその効力を保持すべき場合が存するとしても、その合意の存在をもって、遺言執行者の責務を免除する性質及び効力を有するものと解することはできない」と判示し、遺言内容と異なる登記について遺言執行者による抹消登記請求を認めています。つまり、本件でも遺言内容を覆す遺産分割協議の成立を認めていません。

3 遺産分割協議の詐害行為取消権行使による取消

甲信用金庫が保証人Ａに対して保証履行請求したところ、Ａがその配偶者Ｂ（10数年前に死亡）の唯一の資産であった借地上の建物につき、ＡＢの子ＣＤとの間でＣＤが相続する旨の遺産分割協議を行い、債権者甲による取立を免れようとした事案につき、判例（最判平成11・6・11金融・商事判例1074号10頁）は、共同相続人の間で成立した遺産分割協議は詐害行為取消権の対象となるものと判示し、甲信用金庫による当該遺産分割協議の詐害行為による取消請求を認めています。ただし、家庭裁判所への申述によって行う相続放棄については、詐害行為取消権行使の対象とはなりません（最判昭和49・9・20金融・商事判例429号9頁）。

4 無効な遺産分割協議による相続貯金の払戻の効力

遺産分割協議による相続貯金の払戻を行った後に、当該分割協議が実は無効であったり取り消されたりしたことが判明した場合、当該相続貯金の払戻の効力が問題となります。この点については、遺産分割協議が無効であることにつき金融機関が善意・無過失であった場合は、当該払戻は、債権の準占有者に対する弁済としての効力が認められます。

また、遺言の存在を知らずに遺産分割協議を行ったものの、後日、共同相続人の１人から遺言に反する協議であったとして錯誤無効を主張され当該協議が無効となった場合でも、遺言の存在を知らないことにつき何ら落ち度のないＪＡは、すでに行った分割協議による相続貯金の払戻について、債権の準占有者に対する弁済としての効力を主張することができます。いったん有効になされた遺産分割協議が、後日、債権者による詐害行為取消請求によって取り消された場合についても同様のことがいえます。

81

【成年後見制度】

●日常生活自立支援事業の概要

日常生活自立支援事業の概要について教えてください。

A
81

成年後見制度を補完するものとして、社会福祉法81条の定めにより「福祉サービス利用援助事業」（地域福祉権利擁護事業）が実施されています。この事業は、都道府県に設置されている社会福祉協議会（社会福祉法人）が実施主体となり、判断能力が不十分な者（認知症高齢者、知的障害者、精神障害者など）を対象として、これらの者が日常生活を営むうえで必要となる福祉サービスの提供を「日常生活自立支援事業」として行っているものであり、成年後見制度への橋渡し的位置づけともいえます。

解説

1　利用対象者（判断能力に不安のある者）

例えば、①ＪＡなどに行って年金や福祉手当を受け取るのが困難、②電気・ガス・水道などの公共料金の支払がうまくできない、③一日にいくらお金を使ったらいいかよくわからない、など、日常生活において契約や金銭管理などの判断能力に不安のある者が利用できます。なお、身体的には障がいがあるものの判断能力に全く問題のない者は、この事業の対象者ではないため、この制度を利用することはできません。

2　必要とされる判断能力の程度

判断能力に問題はあるものの、自分が利用する福祉サービスの内容を理解し、一定の利用料を支払う必要があることなどを理解できる能力は必要です。社会福祉協議会との間で福祉サービス利用援助契約を有効に締結することができる能力は必要ですから、その能力がなければこの制度を利用することはできません。したがって、利用希望者の能力に疑義がある場合は、本人の了解を得たうえで都道府県（含政令指定都市）の社会福祉協議会に設置された「契約締結審査会」に諮り、その審査結果をふまえ、利用の可否判断が行われます。

3 相談から契約締結までの流れ

相談から契約締結までの流れは以下のとおりであり、契約締結までの料金は無料です。

① 相　談：最寄りの社会福祉協議会に相談する（本人、家族、福祉関係者など代理の者）。

② 訪　問：専門員（注1）が訪問・面談のうえ困っていることを聴取する（プライバシーは守られる）。

③ 支援計画の策定：専門員が本人と話し合って、日常生活自立支援事業のサービスの計画を立てる。

④ 契　約：支援計画の内容に基づき、本人と社会福祉協議会との間で契約を締結する（福祉サービスの利用援助契約を締結したうえで日常的な金銭管理サービス、書類等の預かりサービス等の契約を締結する）。

⑤ サービス開始：生活支援員（注2）が訪問し、支援計画の内容のサービスを行う。

（注1）専門員：本人の希望を聞きながら共に支援計画をつくり、契約締結までサポートする。
（注2）生活支援員：契約内容にそって定期的に訪問する。福祉サービスの利用手続や貯金の出し入れをサポートする。

4 「日常的金銭管理サービス」「書類等の預かりサービス」について

日常生活自立支援事業の福祉サービスの一つに「日常的金銭管理サービス」があります。この取引は、一種の任意代理取引であり、利用者から社会福祉協議会（契約は理事長名で行う）が委任を受けて代理人となり、さらに社会福祉協議会の代理人または使者として専門員・生活支援員が実際の事務を担当することになります。

ＪＡは、社会福祉協議会から申出があった場合、利用者（貯金者）と社会福祉協議会との契約書等の提示を受け、当該福祉サービス利用援助契約の内容に日常的金銭管理サービスが含まれており、貯金の払戻等についての代理権の付与があることを確認します。そして、「日常的金銭管理サービス取扱依頼書（兼代理人届）」等により、貯金の払戻の事務担当者として専門員・生活支援員の届出をしてもらうことにより、ＪＡは、専門員・生活支援員を利用者（貯金者）の代理人または使者として取引を行うことになります。

なお、１回の出金額に制限がある場合もあるので、受付にあたり、十分、社会福祉協議会と協議をしておく必要があります。また、日常生活自立支援事業による援助の範囲としては、上記の「日常的金銭管理サービス」(注３) のほか、「書類等の預かりサービス」(注４) などがあります。ただし、この制度で想定されている代理権の範囲は、日常的な事務に限定されます。例えば、居所の移動を伴うような老人ホーム等の施設への入所契約は含まれていません。そのような契約が必要な事態になれば、成年後見制度に移行することが望ましいといえます。

（注３）日常的金銭管理サービス：年金および福祉手当の受領に必要な手続、医療費の支払手続、税金、社会保険料、公共料金の支払手続、日用品の代金支払手続、以上の支払に伴う預金の払戻・解約・預入手続など

（注４）書類等の預かりサービス：年金証書、預貯金通帳・証書、不動産等の登記済権利証、重要な契約書類、保険証書、実印、貯金の届出印、その他必要と認めたものの預かりサービス

サービス利用料は概ね以下の内容となっている。

①　相談、訪問調査、支援計画の作成（無料）
②　生活支援員の訪問（利用援助、金銭管理等（１回当たり１時間程度 1,000～1,500円）
③　書類等の預かりサービス（実費）
④　貸金庫からの出入れ（１回当たり 750円）

Q 82 【成年後見制度】

●貯金通帳と印鑑の紛失

貯金者から「貯金通帳と印鑑をどこに置いたのか忘れてしまった」といわれました。どのように対応すればよいでしょうか。

A 82

過去に、紛失の実績がなく意思能力にも問題がなければ、事務規定に従って通常の紛失手続を行います。しかし、過去に頻繁に紛失している場合は、通帳等の安全管理の方法を検討する必要があります。

解説

1 貯金者からの通帳・印鑑の紛失届

貯金者からの通帳・印鑑の紛失届であっても、過去に紛失扱いがなく、紛失の経緯等を聴取しても理路整然とした説明であり、意思能力にも問題がないと判断できるのであれば、通常どおり事務規定に従って手続を行えばよいでしょう。

2 過去に頻繁に紛失している場合

ただし、過去に頻繁に紛失している場合は注意が必要です。というのは、通帳・印鑑の保管については、通常は、細心の注意を払うものであり、頻繁に紛失するということは、貯金者が通常ではない状態となっていると判断されるということです。

3 通帳・印鑑の安全管理方法の検討

このような場合は、認知症等の精神上の障害等により意思能力に問題が発生していることも考えられますので、本人の承諾を得て同居の親族等を交えて、今後の通帳・印鑑の安全保管をどのように行うかを協議します。

できれば、本人が最も信頼できる家族等に、通帳・印鑑の保管や日常生活に必要な資金等の入出金をお願いするか、あるいは、社会福祉協議会が行っている日常生活自立支援事業である「日常的金銭の管理サービス」や「書類通帳等預かりサービス」等のサービス（Q 81参照）を活用することも検討すべきでしょう。

83

【成年後見制度】

●成年後見制度の概要

成年後見制度の概要について教えてください。

83

現行の成年後見制度は、旧制度を改正した「法定後見」と、新規に創設された「任意後見」があり、平成12年4月1日から施行されています。

法定後見（「民法」で定める）は、本人の判断能力の程度に応じて、後見、保佐、補助の３つの類型があります。

任意後見（「任意後見契約に関する法律」で定める）は、本人の判断能力が不十分な状態になった場合に、本人があらかじめ締結した契約（任意後見契約）に従って、本人を保護するものです。任意後見契約では、代理人である任意後見人となるべき者や、その権限の内容が定められます。

解説

1 法定後見の概要と取引の相手方

「法定後見」とは、判断能力が不十分となった成年の生活・医療・介護・福祉などにも目配りしながら、本人を保護・支援するものです。ただし、財産管理や遺産分割協議、介護サービス契約の締結などの法律行為に関するものに限られ、介護などの事実行為は本制度の対象ではありません。

法定後見には、本人の判断能力の程度に応じて、後見、保佐、補助の３つの類型があり、家庭裁判所の審判によって後見等が開始されます。

（1）後見

① 後見の概要

後見の対象者は、意思能力が全く欠けており、日常生活に関する行為も自分ではできない常況の者です（民法７条）。例えば、本人の家族などの申立による家庭裁判所の後見開始の審判によって、本人は成年被後見人となり、さらに職権で、成年後見人が選任されます（民法8条、843条1項）。また、家庭裁判所は、必要に応じて後見監督人を選任することができます（民法849条）。成年後見人は、本人の意思を尊重し、かつ、その心身の状態および生活の状況に配慮しなければなりません（民法858条）。また、成年後見人は、本人の財産を管理し、かつ、その財産に関する法律行為について、本人を代理することができ、本人がした行為（日常生活に関する行為を除く）を取り消すことができます（民法9条・859条）。

② 取引の相手方

取引の相手方は、本人（成年被後見人）ではなく成年後見人です。本人との貯金取引は、成年後見人の同意があっても取り消されるおそれがあります。貯金口座は、通常は本人名義で開設し、入出金は、成年後見人が本人の代理人として行います。

（2）保佐

① 保佐の概要

保佐の対象者は、意思能力が著しく不十分である者であり（民法11条）、例えば、本人の家族などの申立による家庭裁判所の保佐開始の審判によって、本人は被保佐人となり、さらに職権で、保佐人が選任されます（民法12条・876条の2）。保佐人の同意を要する本人（被保佐人）の法律行為は、民法13条1項(注)に定められており、本人または保佐人は、これに反する行為を取り消すことができます。なお、家庭裁判所は、必要があれば、申立により同意を要する行為を追加することができ、さらに、保佐人に本人を代理する権限を与えることができます（民法13条2項・876条の4）。また、家庭裁判所は、必要に応じて保佐監督人を選任することができます（民法876条の3）。保佐人は、本人の意思を尊重し、かつ、その心身の状態および生活の状況に配慮しなければなりません（民法876条の5）。

② 取引の相手方

取引の相手方は本人（被保佐人）であり、本人との貯金取引は、保佐人の同意が不可欠です。また、貯金取引について保佐人に代理権が与えられている場合は、その代理権の範囲内で保佐人を取引の相手方とすることができます。

（3）補助

①　補助の概要

補助の対象者は、判断能力が不十分な者であり（民法15条1項）、補助人の代理権や同意権の範囲・内容は、家庭裁判所が個々の事案において必要性を判断した上で決定します。補助人の同意を要する行為は、民法13条1項所定の法律行為の全部ではなく一部に限られ、補助人が同意権を付与された行為について、その同意を得ないでした行為は、本人または補助人が取り消すことができます（民法17条）。家庭裁判所は、必要があれば、申立により補助人に本人を代理する権限を与えることができ（民法876条の9）、必要に応じて保佐監督人を選任することができます（民法876条の8）。

なお、補助を開始するにあたっては、本人の同意が必要であり、家庭裁判所が本人の意思を確認しますが、後見および保佐においては、本人の同意は要件とされていません。

②　取引の相手方

取引の相手方は本人（被補助人）であり、本人との貯金取引について補助人の同意を要するか否かは、登記事項証明書に記載されている補助人の同意を要する行為で確認しますが、同意を要する行為とはなっていない場合が多いようです。

（注）民法13条1項の法律行為

民法13条1項は、保佐人に同意権・取消権が与えられる法律行為を定めている。具体的には、①元本を領収しまたは利用すること（貯金取引など）、②金銭を借り入れたり保証をすること、③不動産または重要な動産（自動車等）の売買や抵当権設定等をすること、④訴訟行為をすること、⑤贈与、和解または仲裁合意をすること、⑥相続の承認もしくは放棄または遺産分割をすること、⑦贈与の申込みを拒絶し、遺贈を放棄し、負担付贈与の申込みを承諾し、または負担付遺贈を承認すること、⑧新築、改築、増築または大修繕をすること、⑨建物については3年、土地については5年を超える期間の賃貸借をすること、等である。

２ 任意後見について

任意後見は、原則として、精神上の障害により判断能力が低下した場合にそなえて、本人があらかじめ契約を締結して任意後見人となるべき者およびその権限の内容を定め、本人の判断能力が低下した場合に、家庭裁判所が任意後見人を監督する任意後見監督人を選任し契約の効力を生じさせることにより本人を保護するというものです。

家庭裁判所が任意後見契約の効力を生じさせることができるのは、本人の判断能力が、法定後見でいえば、少なくとも補助に該当する程度以上に不十分な場合です（補助、保佐、後見のいずれに該当する場合も、任意後見契約の効力を生じさせることができる）。任意後見人には、契約で定められた代理権のみが与えられます。

なお、任意後見においても、本人の自己決定を尊重する観点から、契約の効力を生じさせるにあたって、本人の申立または同意が必要とされており、家庭裁判所がこの本人の同意を確認することになります。

①　任意後見契約の締結

本人は、将来判断能力が不十分となった際における療養看護、財産管理等の事務委託をする旨の「任意後見契約」を「任意後見受任者」との間で、公正証書により締結します。

②　任意後見監督人の選任

任意後見契約には、家庭裁判所の審判により「任意後見監督人」が選任されると効力が生じる旨を定めることとされています。この契約が登記されていれば、申立により審判がなされ、「任意後見監督人」が選任されると、「任意後見受任者」は「任意後見人」として本人の代理人となります。

③　任意後見人の代理権の範囲

家庭裁判所の審判により任意後見人となった者は、任意後見契約（公正証書）において定められている事務について代理権が付与されます。

3 成年後見登記について

法定後見および任意後見契約について新たな登記制度が設けられています。後見登記事務は、法務大臣が指定する法務局の登記官が行うものとされ、後見登記は、原則として家庭裁判所または公証人の嘱託によって行うものとされています。

法定後見について後見登記等ファイルに記録される主なものは、①後見の種別、②本人の住所・氏名、③法定後見人の住所・氏名、④保佐人または補助人の同意を得ることを要する行為が定められたときは、その行為、⑤保佐人または補助人に代理権が付与されたときは、その代理権の範囲、などです。任意後見についても、任意後見人の住所・氏名、代理権の範囲等が後見登記等ファイルに記載されます。

登記事項証明書の交付請求権者は、本人、法定後見人、配偶者等に限られています。また、本人について後見開始の審判や任意後見契約等に関する記録がないことの証明書の交付も請求することができます。

84

【成年後見制度】

●貯金者についての後見開始の審判

貯金取引先Aの成年後見人Bと称する人物が来店し、「Aの貯金については私（B）が代理人として行うことになった。どのような手続をすればよいか」と聞かれました。どのような点に注意すべきですか。

A
84

「登記事項証明書」等により後見開始審判の内容を確認・検証するとともに、Bについて本人特定事項の確認を行ったうえで、Aの貯金取引に際してBが使用する「印鑑届」等の提出を受けます。なお、キャッシュカードが発行されている場合は、使用禁止登録のうえ回収します。

解説

1 「登記事項証明書」等の徴求と届出内容の検証確認

このような場合は、まず「成年後見制度に関する届出書」の提出を受け、併せて「登記事項証明書」等の提出を受けて、届出書の内容を確認・検証します。

なお、登記事項証明書が発行されない段階の場合は、成年後見に関する審判書抄本と確定証明書の提出を受け、その内容を確認することが可能です。この場合は、後日に登記事項証明書を受け入れて再確認します。

これに対して、登記事項証明書の提出を受けることができる場合は、審判書抄本等は不要です。登記事項証明書の情報が最新の情報（住所等）なので、審判時の古い情報を入手する必要はないためです。

2 成年後見人Bの本人特定事項の確認

登記事項証明書や審判書抄本は公的証明書であり、質問の場合、成年後見人Ｂの実在性の確認はできますが、この証明書の持参人が必ずしもＢであるとは限りません。そこで、持参人がＢに相違ないか、つまりＢになりすましていないかどうかの確認が別途必要となります。

3 貯金取引の使用印鑑届出等とキャッシュカードの使用禁止登録

成年被後見人と単独で行った貯金取引等は、成年後見人によって取消権を行使されるおそれがあります。したがって、成年被後見人との貯金、融資、保証、担保取引その他すべての取引については、成年後見人を代理人として取引しなければなりません。日常生活に関する行為に該当する場合は取消の対象にはなりませんが、原則として、すべての取引は、Ａの代理人であるＢと取引しなければなりません。

そこで、Ｂが法定代理人として使用する印鑑届を受け入れます。発行する貯金通帳の貯金名義人の表示は、貯金者本人Ａとその代理人Ｂの併記が望ましいものと裁判所で推奨されていますが、Ｂは、法律上はＡの代理人ですから、名義人をＡのままとしても法的に何ら支障はありません。あとは、取扱金融機関であるＪＡの内部事務管理上の問題があるかどうかであり、できる限り利用者のニーズやその立場に立った対応を行うべきでしょう。

なお、Ａにキャッシュカードを発行済みの場合は、Ａが単独で行う法律行為がＢによる取消権行使の対象となることから、カードの使用禁止登録を施して回収すべきです。

85

【成年後見制度】

●貯金者についての保佐開始の審判

貯金取引先Aの保佐人Bと称する人物が来店し、「Aの貯金については私（B）が代理人として行うことになった。どのような手続をすればよいか」と聞かれました。どのような点に注意すべきですか。

A 85

「登記事項証明書」等により保佐開始審判の内容を確認・検証するとともに、Bについて本人特定事項の確認を行ったうえで、Aの貯金取引に際してBが使用する「印鑑届」等の提出を受けます。なお、キャッシュカードが発行されている場合は、使用禁止登録のうえ回収します。

解説

1 「登記事項証明書」等の徴求と届出内容の検証確認

（1）保佐人の同意権・代理権の付与

Aについて、家庭裁判所の保佐開始の審判により保佐人Bが選任されると、Aの重要な財産権に関する法律行為（民法13条1項に列挙）はBの同意が不可欠となり、金融機関とのほとんどの取引（貯金、融資、保証、担保など）についてはBの同意権、取消権の対象となります。

また、家庭裁判所は特に必要と認められる事項について、本人等の申立により保佐人に代理権を与える旨の審判をすることができます（同法876条の4第1項）。この代理権付与の有無やその内容については、保佐人に代理権を付与する審判書（保佐開始の審判申立とともに付与される場合は保佐開始審判書）に添付された代理行為目録に表示され、後見等登記ファイルに登記されます。

（2）「登記事項証明書」等の徴求と本人特定事項の確認手続上の留意点

代理権を付与された保佐人ＢとＡの貯金取引を行うには、「成年後見制度に関する届出書」の届出を受け、併せて「登記事項証明書」（代理権が付与されている場合は「代理行為目録」が添付されます）の提出を受け、届出内容の確認、検証を行います。

2 保佐人Ｂの本人特定事項の確認

登記事項証明書や審判書抄本は公的証明書であり、質問の場合、保佐人Ｂの実在性の確認はできますが、この証明書の持参人が必ずしもＢであるとは限りません。そこで、持参人がＢに相違ないか、つまりＢになりすましていないかどうかの確認が別途必要です。

3 貯金取引の使用印鑑届出等とキャッシュカードの使用禁止登録

被保佐人と単独で行った貯金取引等は、保佐人によって取り消されるおそれがあります。日常生活に関する行為に該当する場合は取消の対象にはなりませんが、被保佐人Ａとの貯金、融資、保証、担保等の取引については、すべて保佐人Ｂの同意が必要です。

また、Ｂが代理権を付与されている場合は、Ａの法定代理人として、Ａの貯金取引に使用する印鑑届を受け入れます。発行する貯金通帳の貯金名義人の表示は、貯金者本人Ａとその代理人Ｂの併記が望ましいと裁判所で推奨されていますが、Ｂは、法律上はＡの代理人ですから、名義人をＡのままとしても法的に何ら支障はありません。あとは、取扱金融機関であるＪＡの内部事務管理上の問題があるかどうかであり、できる限り利用者のニーズやその立場に立った対応を行うべきでしょう。

なお、Ａにキャッシュカードを発行済みの場合は、Ａが単独で行う法律行為がＢによる取消権行使の対象となることから、カードの使用禁止登録を施して回収すべきです。

86

【成年後見制度】

●貯金者についての補助開始の審判

貯金取引先Aの補助人Bと称する人物が来店し、「Aの貯金については私（B）が代理人として行うことになった。どのような手続をすればよいか」と聞かれました。どのような点に注意すべきですか。

86

「登記事項証明書」等により補助開始審判の内容を確認・検証するとともに、Bについて本人特定事項の確認を行ったうえで、Aの貯金取引に際してBが使用する「印鑑届」等の提出を受けます。

解説

1 「登記事項証明書」等の徴求と届出内容の検証確認

（1）補助人に対する同意権、代理権の付与

補助人の同意を要する行為や代理権の範囲については、家庭裁判所の審判によって決定されますが、その範囲は、民法13条1項の列挙項目（重要な財産権に関する法律行為）のうちの特定の項目に限定されます（同法17条1項）。同意権・代理権の内容は、補助開始の審判書に「同意行為目録」や「代理行為目録」として添付され、成年後見等登記ファイルに登記されるので、登記事項証明書に添付される「代理行為目録」等により確認します。

（2）「登記事項証明書」等の徴求と本人特定事項の確認手続上の留意点

代理権を付与された補助人BとAの貯金取引を行うには、「成年後見制度に関する届出書」の届出を受け、併せて「登記事項証明書」（代理権が付与されている場合は「代理行為目録」が添付されます）の提出を受け、届出内容の確認、検証を行います。

2 補助人Bの本人特定事項の確認

登記事項証明書や審判書抄本は公的証明書であり、質問の場合、補助人Bの実在性の確認はできますが、この証明書の持参人が必ずしもBであるとは限りません。そこで、持参人がBに相違ないか、つまりBになりすましていないかどうかの確認が別途必要です。

3 貯金取引の使用印鑑届出等とキャッシュカードの取扱い

なお、「元本を領収し、または利用すること」（民法13条1項1号）が補助人の同意を要する行為となっていないことが多いので、その場合は、キャッシュカードは、本人Aが引き続き単独で利用することができます。

87

【貯金の払戻】

●保佐開始の届出の失念と本人による払戻行為取消の可否

高齢の貯金者Aが貯金通帳と届出印を持参して来店し、払戻請求書に日付、口座番号、名前、金額を記入・押印し、担当者に払戻を依頼したので、担当者はこれに応じました。ところが、後日、Aの保佐人と称するBが来店し、先日のAの貯金払戻はBの同意がないとして取消を請求されました。Aの保佐開始の届出はありませんが、取消に応じるべきでしょうか。

87

貯金規定には、家庭裁判所の審判により後見・保佐・補助が開始された場合には、直ちに成年後見人等の氏名その他必要な事項を書面によって届け出ることを義務付け、この届出前に生じた成年被後見人等の損害については、ＪＡは責任を負わない旨が定められています。この免責約款は、有効とされているので、保佐開始の届出前のAに対する払戻による貯金者の損害については、ＪＡは責任を免責されると解されます。

解説

1　認知症の進行度合いと成年後見制度

認知症を発症した場合、意思能力は認知症の進行によって徐々に低下するものと考えられます。例えば、認知症の進行度合いと成年後見制度の関係は、概ね、認知症が軽度の場合は補助、中等度の場合は保佐、重度の場合は後見となっているようです。補助開始の審判があると、補助人の同意を要する行為が決定されますが、預貯金の払戻等については補助人の同意を要しない場合がほとんどです。この場合、被補助人は預貯金の払戻等については引き続き単独で行うことができます。

しかし、保佐開始の審判があると、民法13条1項に定められている法律行為[注]は、すべて保佐人の同意を要する行為となり、被保佐人による預貯金の払戻等についても保佐人の同意を要する行為となります。したがって、事例の場合、貯金者Aが保佐人Bの同意を得ないで貯金の払戻を行った場合は、取り消されるおそれがあります。

2 貯金者が認知症を発症した場合の貯金の払戻

貯金者の認知症が軽度の場合は、一般的には、預貯金の払戻等の容易な法律行為を有効に行う意思能力は十分に備わっているものと考えられ、単独の払戻請求に応じることは差支えないものと考えられます。しかし、認知症が中等度以上に進行している場合は、預貯金の払戻等であっても有効に行う意思能力に欠ける場合があり得ます。したがって、この場合は、原則として払戻に応じることはできませんので、成年後見制度を利用してもらうようにすべきです。

なお、認知症が軽度であれば、社会福祉協議会が取り扱っている日常生活自立支援制度の日常的金銭管理サービスや通帳等預かりサービスの利用が可能であり、認知症が中等度まで進行している場合でも利用できる場合があります。事案に応じて、これらの制度の利用を促すことも検討すべきでしょう（Q 81参照）。

3 保佐開始の審判届出前の払戻と免責約款の効力

貯金規定には、家庭裁判所の審判により保佐が開始された場合には、直ちに保佐人等の氏名その他必要な事項を書面によって届け出ることを義務付け、この届出前に生じた被保佐人（貯金者本人）の損害については、金融機関は責任を負わない旨が定められています。

この免責約款の効力について裁判例（東京高判平成22・12・8金融・商事判例1383号42頁）は、このような保佐等が開始した旨の届出前に生じた被保佐人等の損害について金融機関は責任を負わない旨の免責約款は、被保佐人等の保護と取引安全の調和を図るための合理的な定めであって、金融機関と取引を行う多数の預金者との間の預金取引に関する、いわば条理を定めたものとして、預金者の知、不知を問わず、適用されると解するのが相当であり、被保佐人はこの届出をしない間に行った預金の払戻を取り消すことはできないとしています。

したがって、本事例の場合、保佐人Ｂに対しては、「成年後見制度に関する届出書」と「登記事項証明書」等をすみやかに提出するよう依頼するとともに、被保佐人Ａの今回の払戻行為については、保佐開始の届出前に行われたものであり、貯金規定により取り消すことができないことを伝えることになります。

（注）民法13条１項の法律行為

民法13条１項は、保佐人に同意権・取消権が与えられる重要な財産行為を定めている。具体的には、①元本を領収しまたは利用すること（預貯金の払戻等）、②金銭を借り入れたり保証をすること、③不動産または重要な動産（自動車等）の売買や抵当権設定等をすること、④訴訟行為をすること、⑤贈与、和解または仲裁合意をすること、⑥相続の承認もしくは放棄または遺産分割をすること、⑦贈与の申込みを拒絶し、遺贈を放棄し、負担付贈与の申込みを承諾し、または負担付遺贈を承認すること、⑧新築、改築、増築または大修繕をすること、⑨建物については３年、土地については５年を超える期間の賃貸借をすること等がある。

Q 88

【成年後見制度】

●任意後見人による貯金払戻

任意後見人と称するＢが来店し、「貯金者Ａの貯金の払戻をしたい」と要請してきました。どのように対応すればよいでしょうか。

A 88

「登記事項証明書」により任意後見監督人の選任の事実を確認し、来店した者が任意後見人Ｂになりすましていないかを確認します。また、Ａの貯金の払戻行為がＢの代理権の範囲内であるかどうかを確認します。

解説

1 任意後見人の善管注意義務と代理権の範囲

任意後見人は、任意後見契約で定められている受任事務について、法定代理人として善良なる管理者としての注意義務を負担します「任意後見契約に関する法律」（以下「任意後見法」という）７条４項、民法644条）。

また、法定後見の成年後見人が広範な代理権、取消権を行使できるのに対して、任意後見人は、任意後見契約で定められた受任事務の範囲内でのみ代理権を有し、しかも本人単独での法律行為の取消権は付与されません。

2 「登記事項証明書」による代理権の内容の確認・検証

任意後見契約に基づく契約者との取引に際しては、まず「成年後見制度に関する届出書」と「登記事項証明書」の提出を受け、①任意後見監督人の選任の事実と、来店されたＢが任意後見受任者ではなく任意後見人となっているかどうかの確認、および②任意後見契約で本人（貯金者Ａ）から委託された事務の内容はどうなっているか（貯金取引は含まれるか、等）について、登記事項証明書に添付されている「代理行為目録」で確認します。

3 任意後見人Ｂの本人確認手続、Ａとの貯金取引等

登記事項証明書は公的証明書であり任意後見人Ｂの実在性の確認はできますが、この証明書の持参人がＢであるとは限りません。そこで、持参人がＢに相違ないか、つまりＢになりすましていないかどうかの確認が別途必要です。

4 代理人届出等の手続

本人Ａとの貯金取引等について、任意後見人Ｂに代理権が付与されていることが確認できた場合は、任意後見人ＢからＡの代理人として貯金取引の印鑑届を受けます。この場合、Ａの既存の貯金についての代理人届出だけでなく、Ａのための新規口座の開設に応じることもできます。

5 口座名義人、キャッシュカードの取扱い

ＢはＡの法定代理人ですから、口座名義はＡ代理人Ｂという名義でもＡ名義のままとすることも可能です。ただし、ＪＡの事務管理上の問題もあるので、いずれの対応も可とするかどうかは事案によって異なってくるものと思われます。また、Ａに対して発行済のキャッシュカードがある場合、その取扱いについてはＡの意向に従って処理すべきでしょう（任意後見法６条）。

なお、任意後見人のためのキャッシュカードの新規発行や、口座開設支店以外の支店での貯金払戻請求についても法的には問題ありませんが、この点についても事務管理上の対応問題でもあるので、事案によって異なってくるものと思われます。

Q 89

【その他】

●通帳・カードの紛失届の受理

通帳・カードの紛失届の受理に際して、注意すべき事項は何でしょうか。

A 89

まず、紛失の事故コードの設定を行います。当該紛失・再発行届の申込人が、貯金者本人であることの確認が最も重要です。貯金者以外の者による紛失届の場合は、貯金者本人の紛失届の意思確認を必ず行う必要があります。

解説

1 通帳・カードの所持と貯金者の確認

貯金債権は指名債権であり、債権者（貯金者）に弁済されなければ弁済の効力は生じません。一方、金融機関では大量取引の結果、貯金者の確知が容易ではないため、契約時に通帳を発行し、併せて取引印の届出を受け、貯金の払戻に際しては、通帳（届出印）の所持人（貯金者またはその代理人）に相当の注意をもって払戻を行えば有効な弁済となるという扱いが行われています。仮に、無権利者への弁済となっても、真正な通帳であり、印鑑照合事務に習熟した職員が相当の注意をもって照合し、届出印と相違ないものと認めたのであれば、免責約款あるいは民法478条の適用により、免責を受け当該弁済は有効となります。

また、キャッシュカードは、通帳に代わるカードと届出印に代わる暗証番号という組合せにより、貯金者であることを確知することとし、機械上の照合手続により有効な弁済となる扱いとしています。

2 通帳・カードの紛失・再発行手続と留意点

紛失届の受理後、速やかに紛失の事故コードの設定を行います。通帳・

カードの紛失は、ＪＡ等金融機関にとって貯金者の確知手段を失うことになる重大な問題であり、再発行手続は厳格に行わなければなりません。

最も重要なことは、貯金者本人からの紛失・再発行依頼か否かの確認です。貯金者本人の確認のために届出印の所持は重要な要素ですが、それがすべてではありません。依頼書の住所の不一致、口座番号の未記入等の怪しむべき事情の有無も見逃さないようにしなければなりません。

3 紛失届、再発行依頼の受理手続

基本的な紛失届・再発行手続は次のとおりです。

① 貯金者本人の確認……貯金者本人とわかる書類（運転免許証等）で確認します。
② 書面による紛失・再発行届の受理……紛失・再発行届に記載された住所、氏名、口座番号等は必ずチェックします。
③ 再発行までに相当期間を置く……貯金者本人からの依頼であるか否かを書面（照会状）で確認するためと、紛失通帳の発見に努めてもらうために相当期間を置いて再発行します。

4 無権利者への再発行、払戻と金融機関の責任

ＪＡ等金融機関の本人確認が誤認によってなされた場合は、当該再発行通帳等による無権利者への払戻は無効とされます（最判昭和41・11・18金融・商事判例38号２頁）。

例えば、本人確認が届出印のみによってなされ、依頼書の住所の不一致、口座番号の未記入等の怪しむべき事情を看過するなどの事情があった場合は、ＪＡ等金融機関の本人確認が不十分とされるおそれがあります。また、運転免許証等の公的証明書による確認であっても偽造の場合もあり得るので、犯罪収益移転防止法上の本人特定事項の確認のみでは不十分であると解されるおそれがあります。

Q 90 【その他】

●改印届の受理

貯金通帳を持参したAから、「印鑑を紛失したので改印したい」との申出を受けました。改印に際しての注意点は何でしょうか。また、都合改印の場合はどうでしょうか。

A 90

まず、紛失の事故コードの設定を行います。当該紛失改印届の申込人が、貯金者本人であることの確認が最も重要です。貯金者以外の者による紛失届の場合は、貯金者本人の紛失届の意思確認を必ず行う必要があります。都合改印の場合は、解説記載のとおりです。

解説

1 貯金届出印の重要性

通帳・カードと同様に、届出印も貯金者確知のための重要な道具です。この点については、Q 89を参照してください。

2 届出印の紛失改印届に際しての留意点

紛失改印届の申出を受けた場合は、まず速やかに紛失による事故コードの設定を行います。また、紛失改印届の受理に際しては、貯金者本人による届出であることの確認が重要であり、運転免許証等の公的証明書による確認のほか、提出された書類に住所の不一致や氏名の誤記など怪しむべき事情がないかなど、慎重に本人確認を行うことが不可欠です。

3 都合改印に際しての留意点

貯金者の事情による改印の依頼がされることがあります。この場合は、申出人が貯金者本人であることの確認を運転免許証等の公的証明書による確認を行います。また、現在の届出印の押捺による改印届を提出してもらい、印鑑照合を慎重に行います。さらに、書類上の記載に不備はないかの確認も怠らないようにします。

なお、届出印の摩耗による改印届の場合は、当該印鑑が届出印であるかどうか照合できる場合は、前記の都合改印手続でよいのですが、照合できない状態の場合は、紛失改印届に準じた対応が求められます。

Q 91

【その他】

●導入貯金

貯金担当のＡ職員は、取引先Ｂから、「（Ｂ自身が）1,000万円の協力貯金をするので、知人のＣに1,000万円を融資してやってほしい。」という申出を受けました。融資係によれば、融資期間が１年以内であれば融資可能とのことです。この申出に応じた場合、法的に何か問題があるでしょうか。

A 91

Ｂの協力貯金が、Ｂ自身の裏金利等の利益を得る目的であれば、「導入預金取締法」により禁止されている導入貯金に該当するおそれがあります。

Ｂの協力貯金が導入貯金であった場合は、ＪＡが導入貯金と知らずに受け入れたことにつき過失がなかったことを、ＪＡ側で証明しなければならなくなります。ただし、Ｃに対する融資がＪＡ内部の融資基準を逸脱した不適切な融資の場合は、無過失の証明が困難となるおそれがあります。

解説

1　導入貯金の定義

例えば、①Ｂが貯金をすることと、Ｃに対して融資等の与信行為をすることが相互に条件づけられていること、②Ｂが裏金利等の特別の利益をＣなどから得るのに対し、③ＪＡがＣに対して融資等を行うに際して、Ｂの貯金を担保としない条件となっている場合は、導入貯金に当たります（「預金等に係る不当契約の取締に関する法律」（以下「導入預金取締法」という）２条・３条）。

2　導入貯金とは知らずに受け入れた場合

Ｂの協力貯金1,000万円を担保としないで、Ｃに対する融資を行うことを約した場合は、ＪＡとしては、Ｂが裏金利等の利益を得る目的を有することを知らなかったとしても、知らなかったことについて無過失の証明がない限り、処罰を免れることができません（導入預金取締法５条１項・２項）。無過失であることを証明するためには、Ｃに対する融資がＪＡ内部の融資基準に従った適正な融資であり、Ｂの協力貯金と相互に条件づけられないことが、客観的にも明白であることが必要です。

さらに、職員ＡがＪＡの業務に関してこのような違反行為をした場合には、Ａのほか法人であるＪＡについても各本条の罰金刑が科されます（導入預金取締法６条１項）。

なお、導入貯金は、借名貯金の温床にもなりかねない面があるほか、貯金保険法の保護の対象から除外されています。

3　導入貯金の問題点と対応策

導入貯金関連の融資は、内容が不芳であるにもかかわらず、通常の適正な審査を行わない（あるいは無視する）、リスクの大きい融資であることが多いので、当該融資が通常の融資基準から逸脱した融資であると、導入貯金がらみの融資ではなかったとしても、そうであるかのような疑念を持たれる面が大きくなります。

そこで、貸出しとセットになった貯金は、導入貯金となるリスクがあることを踏まえ、安易に受け入れることのないよう、日ごろから心がけることが重要です。

Q 92 【その他】

●貯金債権の消滅時効

甲ＪＡの貯金取引先Ａについて相続が開始し、Ａの配偶者Ｂが Ａの自動継続定期貯金証書と届出印を持参して、葬儀費用等の支払に使用するとして払戻請求をしてきました。調査すると、当該定期貯金の預入日は20年以上も前であり自動継続の回数に制限はないものでしたが、甲ＪＡの帳簿には存在せず払戻関係書類は発見できません。このような場合、甲ＪＡに払戻義務はあるのでしょうか、また、消滅時効を主張できるでしょうか。

A 92

自動継続の回数に制限のない自動継続定期貯金の消滅時効は、解約の申入れがなされたことなどにより、それ以降自動継続の取扱いがされることのなくなった満期日が到来した時から進行します（判例）。したがって、質問の場合、当該貯金の消滅時効の完成、あるいは解約等による不存在を証明できなければ、払戻請求を拒否することは困難と解されます。

解説

1 貯金債権の法的性質と貯金証書の法的性質

定期貯金の法的性質は、金銭の消費寄託契約により成立する指名債権（債権者が特定している債権）と解されています。また、貯金証書の法的性質は、貯金債権の存在を証する証拠証券と解されています。したがって、甲銀行がＡ名義の自動継続定期貯金債権の不存在をその払戻請求書等により証明できない場合は、Ｂなどの相続人による払戻請求を拒否できなくなるおそれがあります。

2 自動継続定期貯金の消滅時効の起算点と実務上の留意点

（1）自動継続定期貯金の消滅時効の起算点

自動継続特約付きの定期預金払戻請求権の消滅時効の起算点について、判例は、自動継続の回数に制限がない場合は、預金者による解約の申し入れがなされたことなどにより、それ以降自動継続の取扱いがされることのなくなった満期日が到来した時から進行するものとしています（最判平成19・4・24民集61巻3号1073頁、金融・商事判例1277号51頁）。また、自動継続の回数に制限がある場合の預金払戻請求権の消滅時効は、自動継続の取扱いがされることのなくなった満期日が到来した時から進行するとしています（最判平成19・6・7金融・商事判例1277号51頁）。

したがって、質問の場合は、Aの自動継続定期貯金について、20数回にわたり自動継続が繰り返されてきたところ、配偶者Bによる解約の申入れがなされたことにより、それ以降自動継続の取扱いがされることがなくなり、その後に到来する満期日から消滅時効が進行することになります。したがって、当然のことながら、甲ＪＡは消滅時効の援用はできません。さらに、当該定期貯金の不存在を証明する書類が見当たらないのであれば、甲ＪＡは、Bの払戻請求を拒否することは困難と解せざるを得なくなります。

（2）実務上の留意点

例えば、自動継続定期貯金証書を紛失したことなどにより再発行され、当該再発行証書により解約払戻がなされたものの、20年後に再発行前の旧証書により払戻請求がなされたとします。この場合に、再発行証書による解約払戻に関する書類が保管期間の経過等により処分され、さらに当初の再発行手続きに関する関係書類も処分されていたとすると、質問のような事態に陥ることになり、消滅時効の主張はできず、貯金の不存在も証明することができなくなるので、結果として二重支払を余儀なくされることになります。

したがって、紛失等の事由により定期貯金証書を再発行する場合は、自動継続の特約の有無にかかわらず当該再発行の関係書類は永久保存扱いとすることが実務上不可欠といえます。

Q 93

【その他】

●消滅時効完成後の貯金の払戻と改正債権法の取扱い

貯金者Aが、満期到来後10年以上経過した定期貯金証書を持参して払戻請求をしました。調査すると、当該貯金の残高は少額で、支払済みであることが確認できる書類も見当たりません。このような場合、消滅時効の完成を理由に払戻を謝絶できるでしょうか。

A 93

質問の場合は、雑益編入の可能性も排除できませんが、帳簿上では貯金債権の存在が確認できない以上、消滅時効の完成を理由に払戻を謝絶できるでしょう。

解説

1 貯金債権の消滅時効（消滅時効の起算点）

貯金債権の消滅時効は、貯金債権の払戻請求（貯金債権の権利行使）ができる時から進行し（民法166条）、金融機関が非商人[注]（ＪＡ、信用金庫、信用組合など）で貯金者も非商人の場合は、貯金者が10年間権利行使しないときは、当該貯金は時効消滅します（同法167条）。また、銀行等の商人が貯金債務者であるか、あるいは貯金者が商人の場合は、貯金者が５年間権利行使しないときは、当該貯金は時効消滅します（商法522条）。

例えば、定期貯金であれば満期日に払戻請求ができるので、満期日から消滅時効が進行します。なお、普通貯金の消滅時効は、最後の入出金のあった日から進行すると解されており、当座貯金は解約になった日（大判昭和10・2・19民集14巻137頁）から、また通知貯金は据置期間満了の日から消滅時効が進行するものと解されています。

（注）非商人：農業協同組合の商人性が争われた事案において、判例（最判昭和37・7・6民集16巻7号1469）は、農業協同組合について、組合の事

業は営利を目的とせず、したがって営業ではなく、組合の行為が商人の営業のためにする行為として商行為となるものではないとしている。

　また、農業協同組合連合会は、民法173条１号にいう生産者または卸売商人に当たらず、同連合会の豚肉売却代金債権について同規定は適用されないとしている。なお、信用協同組合については最判平成18・６・23（金融・商事判例1252号16頁）が商人性を否定し、信用金庫については、最判昭和63・10・18（民集42巻８号575頁、金融・商事判例810号３頁）がその商人性を否定している。

2　時効消滅した貯金の取扱い

　時効消滅した貯金の実務上の取扱いについては、例えば定期貯金が時効消滅していたとしても、ＪＡ等金融機関の定期貯金元帳等の帳簿でその存在が確認できる場合は、ＪＡ等金融機関は、時効消滅を主張（援用）することはなく、その払戻請求に応じています。もしも、その存在が確認できるのにもかかわらず消滅時効を援用した場合は、当該援用は信義則に反し、権利濫用に当たるものとされます（東京高判昭和58・２・28金融・商事判例677号32頁）。

　これに対し、帳簿上では貯金債権の存在が確認できない場合であって、貯金者が長期間貯金の払戻を請求していないという特別の事情が存在する場合にＪＡ等金融機関が消滅時効を援用したとしても、当該援用は権利濫用には当たらないものとされています（大阪高判平成６・７・７金融法務事情1418号64頁）。

3　改正債権法の消滅時効の取扱い

　2020年４月１日に施行予定の改正債権法では、現行民法が定める職業別の短期消滅時効はすべて廃止され、商事時効（５年）も廃止されます。また、①「権利を行使することができる時から10年」という時効期間は維持しつつ、②「権利を行使することができることを知った時から５年」という時効期間を追加規定しています。そして、上記①または②のいずれか早い方の経過によって消滅時効が完成するものとしています（改正民法166条１項）。

したがって、貯金者が権利行使できることを知った時から５年、または貯金者が権利行使できることを知らない場合でも権利行使できる時から10年のいずれか早い方の経過によって、貯金債権が時効消滅することになります。

【その他】

94

●取引先が法人成りした場合の貯金の処理

個人事業主Aが株式会社X社を設立し、Aの事業をX社に営業譲渡してAは廃業し、X社の代表取締役に就任しました。Aの貯金口座はX社に名義変更すればよいでしょうか。

94

X社の貯金口座を新規に開設し、Aの貯金口座は、当該口座に係る支払等が決済された後に解約するようにします。

解説

個人事業主が株式会社等の法人を設立して、当該法人に事業を譲渡するとともに、個人事業主が法人の代表者として当該承継した事業を執行することを「法人成り」といいます。つまり、法人成りの場合は、法人同士の合併や相続の場合と異なり、法人を設立することによって個人の資産が法人に移転することはありません。

個人の債権・債務関係を法人に継承させるためには、個々の権利移転手続を行う必要があります。法的には、Aの貯金債権をX社に譲渡し、金融機関が債権譲渡を承諾する方法でA名義貯金をX社名義貯金に変更する方法も可能です。しかし、実務上は、X社の普通貯金や当座貯金口座を新たに開設し、Aの普通貯金等の個人口座については、これらを解約する方法が一般的です。

ただし、Aの普通貯金がAの借入金の返済口座となっている場合は、当該借入金を法人X社が債務引受等の方法で引き継いだ後に解約する方法が無難です。また、Aの当座貯金については、A名義で振出済みの未決済の手形・小切手等の決済が終わるまで解約を留保し、全額決済後に解約するようにします。

Q 95

【その他】

●休眠預金等について

いわゆる休眠預金等活用法が定める「休眠預金等」とはどのような預貯金をいうのですか、また同法による制度の概要はどのようになっていますか。

A 95

「休眠預金等」とは、2009年1月以降に最後の入出金等の異動があり、かつその後10年以上異動がない預貯金等が対象であり、2009年1月より前に最後の異動があった預貯金等は、その後10年以上異動がない場合でも本制度の対象外となります。また、制度の概要は解説記載のとおりです。

解説

1 休眠預金等活用法の「休眠預金等」とは

「民間公益活動を促進するための休眠預金等に係る資金の活用に関する法律」（以下「休眠預金等活用法」という）が2018年1月に施行され、2019年1月1日から「休眠預金等」が発生することになりました。同法にいう「休眠預金等」とは、2009年1月以降に最後の入出金等の取引（「異動」という）があり、かつその後10年以上異動がない預貯金等をいいます。2009年1月より前に最後の異動があった預貯金等は、その後10年以上異動がなかったとしても同法にいう「休眠預金等」の対象とはなりません。

例えば、2019年1月時点で既に10年より長い間（例えば15年や20年）、入出金取引などの異動がない預貯金等は、最後の異動が2009年1月より前になりますので、休眠預金等にはならず、本制度の対象外となります。

なお、定期預貯金や金銭信託など、一定の預入期間や計算期間がある場合には、その期間の末日（自動継続扱いのものは最初の期間の末日）から10年の間、入出金取引などの異動がない場合に休眠預金等となります。

2 「休眠預金等」の資金の活用等

「休眠預金等」になると、当該預貯金等は預金保険機構に移管された後、民間公益活動に活用されます。民間公益活動とは、①子どもおよび若者の支援に係る活動、②日常生活または社会生活を営む上での困難を有する者の支援に係る活動、③地域社会における活力の低下その他の社会的に困難な状況に直面している地域の支援に係る活動、などをいいます。なお、休眠預金等となった後も、引き続き取引のあった金融機関(注)で払戻請求することができます。

（注）休眠預金等活用法において、「金融機関」とは、ＪＡのほか、銀行（外国銀行は除く）、信用金庫、信用協同組合、労働金庫、商工組合中央金庫、漁業協同組合、水産加工業協同組合、農林中央金庫をいう。

3 休眠預金等になり得る「預金等」とは

休眠預金等になり得る「預金等」とは、預金保険法、貯金保険法の規定により、預金保険、貯金保険の対象となる預貯金などです。

具体的には、普通・通常預貯金、定期預貯金、当座預貯金、別段預貯金、貯蓄預貯金、定期積金、相互掛金、金銭信託（元本補塡のもの）、金融債（保護預りのもの）などが対象となります。

一方で、外貨預貯金、譲渡性預貯金、金融債（保護預りなし）、2007年10月1日（郵政民営化）より前に郵便局に預けられた定額郵便貯金等、財形貯蓄、仕組預貯金、マル優口座などは対象外です。

4 「異動」とは

「異動」とは、預貯金者などが今後も預貯金などを利用する意思を表示したものとして認められるような取引などを指し、①全金融機関共通の異動事由と、②各金融機関が行政庁から認可を受けて異動事由となるものがあります。

①については、(a)入出金（金融機関による利子の支払を除く）、(b)手形または小切手の呈示等による第三者からの支払請求（金融機関が把握できる場

合に限る)、(c)公告された預貯金等に対する情報提供の求め、などです。

②については、(a)預貯金者等による通帳や証書の発行、記帳、繰越、(b)預貯金者等による残高照会、(c)預貯金者等の申出による契約内容・顧客情報の変更、(d)預貯金者等による口座を借入金返済に利用する旨の申出、(e)預貯金者等による預貯金等に係る情報の受領、(f)総合口座等に含まれる他の預貯金等の異動、などです。

なお、各金融機関が行政庁から認可を受けて異動事由となるものについては、各金融機関にて公表することになっています。

5 「休眠預金等」移管前の公告等と預金保険機構への移管

ＪＡ等金融機関は、入出金取引などの異動が最後にあってから９年以上が経ち、近く移管の対象となり得る預貯金等について、移管の前に電子公告を行うこととされています。また、１万円以上の残高がある預貯金等については、取引金融機関から、現在登録されている住所へ「通知」を郵送します(郵送に代わり、電子メールで通知することもあります)。この通知を預貯金者が受け取ることで、その後の10年間は休眠預金等になりません。なお、１万円に満たない預貯金等については、通知はありません。

金融機関による電子公告には、近く移管の対象となり得る預貯金等の最後の異動の日や預金保険機構への移管の期限などを掲載しますが、個別の預貯金者などが特定される情報（含む口座番号）は掲載しません。

なお、以上の公告または通知は、異動が最後にあってから９年が経過し、10年６ヵ月を経過するまでの間に行うこととされています。そして、残高が１万円未満のときや住所変更を届けていないことなどにより通知が届かない場合には、金融機関が公告を開始した日から２ヵ月～１年の間に預金保険機構への移管を行います。

また、休眠預金等として預金保険機構へ移管した後も、引き続き取引金融機関で払戻請求できますが、払戻金額は、旧預貯金などの元本に、元の預貯金契約などに基づく利子相当額を加えた額になります（元の預貯金契約どおりの額を支払います)。

第4章

振込、口座振替

Q96 ●振込依頼人のＡＴＭの操作ミスによる誤振込

仕向銀行から組戻依頼を受けました。振込依頼人がＡＴＭの操作を誤って、同名・同音異人への口座振込をしたとのことですが、すでに受取人の口座に入金されています。どのように対応すればよいでしょうか。さらに、すでに振込金が払い出されていた場合、どのように対応すればよいでしょうか。

A96

振込依頼人の過誤により受取人を間違って振込をした場合であっても、当該口座への入金記帳によって受取人の貯金が成立してしまいます。したがって、この場合は、受取人の承諾を得ることなく入金記帳を取り消して組戻に応じることはできません。

また、すでに振込金が払い出されていた場合は、振込依頼人から受取人に対して不当利得の返還請求ができます。

解説

1 振込依頼人の過誤による振込と受取人の貯金の成立

振込依頼人の過誤による振込があった場合に、受取人の貯金が成立するか否かについて、判例（最判平成８・４・26民集50巻５号1267頁）は、振込依頼人と受取人の間に振込の原因関係が存するか否かにかかわらず、振込手続が完了した時点（被仕向銀行の受取人名義口座の勘定元帳に入金記帳された時点）で受取人の貯金が有効に成立するものとしています。

つまり、振込依頼人の過誤による振込であった（振込の原因関係がなかった）としても、受取人の口座に入金記帳された時に、受取人の貯金が成立することになります。

２ 被仕向銀行の具体的な手続

受取人口座への入金記帳後に、仕向銀行から被仕向銀行に対して組戻依頼があった場合、当該振込金はすでに受取人の貯金となっているため、受取人の承諾を得ることなく入金記帳を取り消すことはできません。

被仕向銀行（ＪＡ）としては、受取人に対して組戻依頼のあったことを告げ、組戻手続への協力を依頼することになります。具体的には、受取人の出金票が必要となります。受取人が出金票を提出するということは組戻を了解したということになるからです。

３ 受取人が出金してしまっている場合の対応

誤振込によって受取人に貯金債権が成立したとしても、振込依頼人と受取人との間には振込の原因となる法律関係を欠くため、受取人には不当利得が生じます。したがって、誤振込が事実であれば、振込依頼人は受取人に対して不当利得の返還請求ができます（民法703条・704条）。

その際、受取人が誤発信であることを知って出金していた場合は、出金額に利息を付して返還請求すべきですが（同法704条）、誤発信であることを知らずに出金していた場合は、現に存する利益の範囲（もし浪費すれば現に存する利益はありません）で返還請求をせざるを得なくなります（同法703条）。

なお、誤振込があることを知った受取人が、その情を秘して預金の払戻を請求することは、詐偽罪の欺罔行為に当たり、また、誤振込の有無に関する錯誤は同罪の錯誤に当たるため、錯誤に陥った金融機関窓口係員から受取人が預金の払戻を受けた場合には、受取人に詐欺罪が成立する可能性があります（最判平成15・３・12金融法務事情1697号49頁）。

Q 97 ●電話による振込の組戻依頼

Bと名乗る人物から、10分ほど前の振込手続に関する電話がありました。「先ほど窓口で依頼した振込について、別途振込済であることがわかったので直ちに取り消してほしい」とのことです。どのように対応すればよいでしょうか。

A 97

①電話による組戻依頼には応じられないこと、②書面による組戻依頼が可能なタイムリミットを明確に伝えることが必要です。また、③すでに受取人の貯金口座へ入金されている場合には、被仕向銀行を介して受取人の承諾が必要であり、承諾を得られない場合は組戻しができなくなること、その他必要書類などを説明しておくようにします。

解説

1 組戻申出人と振込依頼人の同一性の確認

振込の法的性質は、一般に委任（準委任）契約であると解されています(民法643条)。このため、仕向銀行は振込依頼書に記載された内容について委任の本旨に従って善良なる管理者の注意をもって振込事務を処理する義務を依頼人に対して負担しています（同法644条)。そして、組戻依頼は振込依頼の撤回であり、法的には委任の解除（同法651条）ですから、組戻依頼を受けたときは、その申出人と振込依頼人とが同一人であることを確認する必要があります。

同一人であることの確認方法は、振込依頼人が自店の取引先の場合は、組戻依頼書に取引印鑑の押捺等をしてもらい、印鑑照合により確認します。未取引先の場合は、組戻依頼書と振込依頼書の筆跡の照合により確認するのが一般的ですが、場合によっては、身分証明書等の確認資料の提示を求めて確認します。

2 組戻依頼は書面によらなければならない

組戻依頼は、書面により受付しなければなりません。電話による組戻依頼に応じると、後になって「組戻依頼をした覚えはない。なぜ振り込まなかったのか」とか、「振り込まれなかったために受取人にも多大な損害が発生した」などと主張されることがあります。したがって、電話による組戻依頼には決して応じてはいけません。

そこで、このような場合は、組戻依頼は書面によらなければ受付できないことを明確に伝えるとともに、一定の時間までに書面による組戻依頼がなかった場合や、被仕向銀行を介して振込金の受取人の承諾が得られなかった場合など、組戻しができなくなる場合があり得ること、その他振込手続の際に交付した書類や本人確認書類などの書類が必要となることを説明すべきです。

Q98 ●仕向銀行による発信電文の誤り

電信振込にあたり、仕向銀行の発信電文が誤っており、口座が存在しません。訂正電文も遅れて入金処理が遅延した場合、仕向銀行の責任はどうなるのでしょうか。また、振込通知を遅延してしまった場合はどうでしょうか。

A98

仕向銀行のミスによる入金遅延は、善管注意義務に違反します。依頼人や受取人に何ら損害が発生しなかった場合は謝罪することで済みますが、損害が発生すると、仕向銀行は損害賠償請求されるおそれがあります。振込通知を遅延してしまった場合も同様の問題が生じ、損害が発生した場合は損害賠償責任を負うことがあります。

解説

1 振込手続と仕向銀行の善管注意義務

振込依頼人と仕向銀行の法的関係は委任関係であり、仕向銀行は、振込依頼人に対して善良なる管理者としての注意をもって受任事務を処理しなければなりません（民法644条）。仕向銀行の誤振込によって入金遅延となった場合、仕向銀行は、この善管注意義務に違反したことになり、依頼人や受取人に損害が生じた場合は、損害賠償請求されるおそれがあります（同法415条）。また、被仕向銀行にとっても、その取引先が損害を受けることになり、その対応を余儀なくされるなど、多大な迷惑を被ることになります。

2 損害が生じる場合

入金遅延等によって損害が生じる場合としては、例えば、①受取人の支払手形を支払う資金であったため、振込遅延によって不渡事故につながる場合や、②借入金の返済資金であったため、入金遅延によって債務不履行が生じ、債権者から損害賠償金を請求される、といったケースなどが考えられます。

受取人に損害が生じた場合は、不法行為による損害賠償請求（民法709条）がなされるおそれがあり、振込依頼人自身に損害が生じた場合は、債務不履行責任を負うことがあります（同法415条）。

3 損害賠償の範囲

損害賠償責任の範囲については、通常生ずべき損害（利息程度）の賠償責任（民法416条１項）を負えば足りるのか、あるいは特別損害（同法416条２項、例えば、契約解除等による損害）を負うことになるのかが問題となります。

この点については、仕向銀行が振込を受け付けたときに、依頼人から振込の原因取引の内容等を明示のうえ、一定の時期までに振込入金することを依頼され、これを承諾していたというような事情のない限り、特別損害まで責任を負うことはないものと考えられます（東京地判昭和47・６・29金融法務事情660号26頁、東京地判平成９・９・10 金融・商事判例1043号49頁）。

4 振込通知を遅延してしまった場合

受取人の支払手形決済資金の振込の場合には、振込通知の発信が遅延して通信時間を経過してしまうと資金不足となり、大きなトラブルに発展します。このような場合は、直ちに被仕向銀行と連絡をとり、受取人口座に残高不足が生じていないかどうか確認し、もしも、残高不足が生じていて不足額が振込金相当額である場合は、被仕向銀行に事情を説明して、一時的に振込金相当額を立替払してもらうなどの不渡回避の手続を依頼します。

99

●被仕向銀行による口座相違

被仕向銀行（ＪＡ）が、Ａの口座に入金すべき資金を誤ってＢの口座に入金し、Ｂが出金してしまいました。そのためＡはクレジットカード代金の支払ができませんでした。ＪＡの責任はどうなるでしょうか。

99

被仕向銀行（ＪＡ）の口座相違によって受取人Ａがクレジットカード代金の支払ができなかったのであれば、ＪＡは、これによって生じたＡの損害を賠償しなければなりません。Ａの損害は、クレジットカード会社に対する代金支払遅延による損害金（通常損害）ということになります。

解説

1 被仕向銀行の義務

（1）仕向銀行に対する義務

被仕向銀行は、仕向銀行に対して内国為替取引規則の定めを内容とする為替取引契約上の義務を負担しています。この為替取引契約の法的性質は委任契約を中心とする性質を有していますので、被仕向銀行は受任者として、仕向銀行に対して委任の本旨に従い善良なる管理者の注意をもって振込事務を処理する義務を負います（民法644条）。したがって、振込通知等に記載された受取人名義の貯金口座に正確に振込金を入金しなければならず、被仕向銀行が口座相違を発見したときは、すぐに訂正して正当な処理をしなければなりません。

（2）受取人に対する義務

被仕向銀行と受取人との間には、貯金契約上の当事者関係があり、振込通知を受信した被仕向銀行は、速やかに受取人名義の貯金口座に入金する義務を負担します。受取人は、被仕向銀行がその貯金元帳へ入金記帳した時に、貯金債権を取得します。

2 被仕向銀行の責任

振込通知の受信後に、受取人の貯金口座への振込入金を失念したり、入金遅延や口座相違を引き起こすなど、被仕向銀行の過失等により仕向銀行や受取人に損害を生じさせた場合、被仕向銀行は、債務不履行による損害賠償責任を負うことがあります（民法415条）。

例えば、普通貯金については、通常入金すべき日からの利息を支払うことになります。当座勘定については、入金が遅れたことにより、支払資金不足となり、不渡発生というような問題を生じたときは、通常予見される範囲の損害を賠償しなければなりません（民法416条）。

3 受取人Ａに損害が発生した場合の対応

質問の場合、被仕向銀行（ＪＡ）の口座相違によって、受取人Ａがクレジットカード代金の支払ができなかったのであれば、被仕向銀行は、これによって生じたＡの損害を賠償しなければなりません（民法416条）。

この場合のＡの損害は、クレジットカード会社に対する代金支払遅延による損害金（通常損害）ということになります。なお、Ａ自身のクレジットカード会社に対する信用失墜を防止するため、クレジットカード会社に事情説明するよう求められた場合はこれに応じるべきですが、理不尽な要求に対しては、毅然とした対応で臨むべきです。

4 振込金が出金されていた場合

口座相違を発見したとき、すでに振込金が出金されていた場合、被仕向銀行（ＪＡ）は、Ａの口座には自己資金で速やかに入金するとともに、Ｂに対しては不当利得の返還を求めることになります。しかし、Ｂが無資力であれば不当利得の返還は困難になります。

100

●受取人に対する入金案内

振込金の受取人Aに対して入金があったことを連絡した（以下「入金案内」という）ところ、Aは、その全額を引き出しました。ところが、その後、当該振込は、実はBの口座への振込であり、被仕向銀行であるJAによる口座相違であったことが判明しました。

Aに振込金を返還するように依頼したところ、Aは、「JAが『振込があった』と通知したのだから、私の貯金であり返還する義務はない」といって返還してくれません。どのように対応すればよいでしょうか。

A

100

入金案内は、金融機関の義務ではなく単なるサービスに過ぎませんが、間違った通知をしたからといって、通知したとおりの入金があったことにはなりません。また、被仕向銀行（ＪＡ）の口座相違による入金によってもＡの貯金が成立することはなく、ＡはＪＡに振込金額を不当利得として返還する義務があります。

解説

1 入金案内と約束による義務化

「入金案内」とは、被仕向銀行が受取人に対して行う振込のあった旨の連絡のことです。この入金案内は、被仕向銀行が受取人に必ずしなければならない義務ではなく単なるサービスと考えられ、連絡をしなかったからといって、質問の場合、ＪＡに義務違反が生ずるわけではありません。

しかし、ＪＡが、受取人との間で振込があった場合はそのつど連絡するという約束をした場合は、もはやサービスではなくなります。約束した以上は、義務となるので、もしもＪＡが連絡を怠ったことにより受取人が損害を被った場合や、誤った入金案内をした結果、受取人が損害を被った場合には、その損害を賠償しなければならなくなるおそれがあります（民法709条）。

例えば、誤った入金案内を受けた者が、振込があったと信じたことにより、損害を被ったとき（例えば、誤通知を受けた者が、代金の振込があったものと信じて、商品を送付してしまったような場合）は、被仕向銀行に損害賠償責任が生じるおそれがあります。

2 守秘義務違反等を問われないよう留意が必要

また、入金案内の相手を間違えることのないように気をつけなければなりません。例えば、電話で連絡する場合は、電話に出た人が受取人本人かどうか慎重に確認する必要があります。もしも、誤って他人に入金案内をしてしまった場合は、守秘義務違反や、個人情報の保護に関する法律（以下「個人情報保護法」という）違反を問われることになります。

3 被仕向銀行の口座相違による入金案内

なお、質問の場合において、被仕向銀行（ＪＡ）が、Ｂへの振込金を事務ミスによってＡの貯金口座へ入金記帳し、Ａに対して入金案内した場合に、Ａの貯金債権が成立するか否かについて判例は、被仕向銀行が誤って正当な受取人でない者の預金口座へ入金記帳して入金案内したからといって、入金案内を受けた者が預金債権を取得することはないとしています（名古屋高判昭和51・１・28金融・商事判例503号32頁）。

したがって、ＪＡの口座相違による入金によってもＡの貯金が成立することはなく、ＡはＪＡに振込金額を不当利得として返還する義務があります。

Q 101

●他店券による振込

貯金取引先Ａから、他行が支払人となっている小切手での振込を依頼されました。このような振込に応じてもよいでしょうか。

A 101

他店券振込は原則として応じるべきではありません。異例的に応じる場合であっても、一種の与信行為となるので、決裁権限者の了解が不可欠です。

解説

1 他店券による振込の可否

振込には条件を付けることは許されず、他店券表示は条件に当たるので許されません。振込は、大量であっても迅速な処理が求められるので、振込条件のチェックはできないためです。したがって、他店券振込を受け付けた場合は、ＪＡの立替払資金による振込となり、当該他店券が不渡返還されると、当該立替払資金が回収できなくなります。このようなことから、他店券による振込は禁止されています。

2 他店券振込を受け付けた場合の取引関係

貯金取引先Ａの申出を受けた場合は、他店券が決済されるまでの間は、ＪＡがＡに対して他店券相当額を立替払するため、その間は、Ａに対して一種の与信行為を行っていることになります。

便宜扱いで、やむを得ず受付を検討する場合であっても、Ａの信用状態がよくない場合は、他店券振込を受けることはできません。また、信用状態が良好な取引先であっても、一種の与信行為となるので、与信行為の決裁権限者の承認を得なければ取り扱ってはなりません。

Q 102

●二重振込による「取消通知」への対応

仕向銀行から、二重振込したとして取消通知を受けました。調査したところ、すでに受取人の口座に入金されていますが、どのように対応すればよいでしょうか。

A 102

仕向銀行から、二重振込したとして取消通知を受けた場合、受取人口座に入金済みであったとしても受取人の貯金は成立しません。したがって、直ちに入金記帳を取り消して仕向銀行に返金します。

解説

1 取消通知による入金記帳の取消

仕向銀行から取消通知電文を受信した被仕向銀行は、直ちに受取人口座を調査し、誤発信による入金の事実が確認できれば当該入金記帳を取り消します。そして、この電文の翌営業日までに取消分の資金返送を行うことになっています。

（1）為替取引における取消とは

為替取引における取消とは、発信銀行の事務上の誤りにより発信した為替通知について、その全内容を撤回することをいいます。

この取消手続の対象になる取消事由は限定されており、取扱規則で定められています。取消の対象となる事由は、①重複発信、②発信銀行名・店名相違、③通信種目コード相違、④金額相違、⑤取扱日相違の５つです。これ以外の誤りの場合は、取消通知ではなく訂正手続によります。例えば、受取人名や貯金種目・口座番号などの誤りは、訂正依頼電文の発信によります。

（2）取消通知と貯金規定

この取消通知の取扱いは、受取人の承諾を得ることなく誤入金口座への入金を取り消して、仕向銀行に資金返送することになるため、受取人との関係を明確化しておくことが必要です。そこで、普通貯金規定ひな型（３条２項）は、「この貯金口座への振込について、振込通知の発信金融機関（仕向銀行）から重複発信等の誤発信による取消通知があった場合には、振込金の入金記帳を取消します」と定めています。この規定は、仕向銀行の事務ミスによる誤振込であり、受取人の貯金は成立しないとの解釈によるものですが、仕向銀行が取消電文を発信し、被仕向銀行に着信すると、仕向・被仕向銀行間の委任契約は解除されて終了し、当該振込はなかったことになります。

2 被仕向銀行のその他の対応

このように、仕向銀行の事務ミスによる取消通知があった場合は、受取人の貯金は成立しないため、受取人の承諾を得ることなく、直ちに入金記帳を取り消すことができます。ただし、受取人にとっては、原因不明の入金記帳と出金記帳がされるという迷惑を被ったことになるので、受取人の取引銀行である被仕向銀行としても、誠実に経過等を説明し、謝罪することが必要です。

Q 103

●口座振替の際の残高不足と通知の要否

クレジットカード代金の口座振替契約をしている貯金者Ａから、「残高不足の場合は必ず連絡をしてほしい」との依頼がありました。どのように対応すべきでしょうか。

A 103

口座振替手続は大量事務処理であることや、そのため口座振替依頼書に通知を要しない旨の約款を置いていることなどを説明して、理解を得るようにすべきです。

解説

1 口座振替の法律関係

公共料金やクレジットカード代金などの口座振替サービスの法律関係は、次のとおりです。

ＪＡ等金融機関は、公共料金やクレジットカード代金の収納企業から、利用代金債権を利用者の貯金口座から口座振替によって回収する事務委託を受けます。また、利用者（貯金者）から、公共料金やクレジットカードの利用代金を貯金口座から引き落として、口座振替の方法で収納企業に支払う事務委託を受けます。いずれの事務委託も、その法的性質は委任です。

なお、この事務委託は、貯金者から口座振替依頼書の提出を受ける方法で行いますが、同依頼書には、口座振替に際しては、通帳・払戻請求書の提出を不要とする特約を結んでいます。

2 ＪＡ等金融機関の義務

口座振替の事務処理は委任契約のため、ＪＡ等金融機関は、収納企業および利用者（貯金者）双方に対して、善良なる管理者としての注意をもって委任事務を処理する義務を負います（民法644条）。例えば、貯金残高が不足していないのに口座振替を失念した場合は、この善良なる管理者としての注意義務違反を問われ、口座振替の失念により発生した損害については賠償責任を負うことになります。

3 残高不足の場合の通知義務

貯金残高が不足しているため口座振替ができない場合、ＪＡ等金融機関にその旨を貯金者に通知する義務があるかどうかという問題があります。この問題については、公共料金等の口座振替処理が大量事務であることや、貯金者からは口座振替手数料を徴求していないこと、口座振替依頼書には通知義務はない旨を明記していることなどから、一般的には通知義務はないものと解されます。

ただし、特定の貯金者から通知依頼を受け、これを承諾した場合には、前記口座振替依頼書の約款にかかわらず、ＪＡ等金融機関は、当該貯金者については通知義務を負うことになります。

4 実務対応

口座振替手続は大量事務処理であることや、そのため口座振替依頼書に通知を要しない旨の約款を置いていることなどを説明して、通知できないことへの理解を得るようにすべきです。例外的に申出に応じる場合は、もしも通知を失念すると、義務違反による損害賠償請求をされるおそれがあることを念頭において、慎重に対応すべきです。

第5章

貯金取引と情報管理

Q 104

●貯金取引と守秘義務・個人情報保護法

貯金取引先Ａの配偶者Ｂが来店し、Ａの普通貯金、定期貯金、当座貯金等すべての貯金について残高証明書の発行依頼を受けました。どのように対応すればよいでしょうか。

A 104

夫婦、親子の間でも貯金取引等の秘密というものが存在すると考えるべきあり、夫婦だからとか親子だからといって本人の同意を得ないで取引内容等を漏らしたりすると、守秘義務違反や個人情報保護法違反を問われます。したがって、残高証明書の発行に際しては、貯金者本人であるＡの同意を得ることが不可欠です。

解説

1 守秘義務の法的根拠

ＪＡ等金融機関には、取引先（個人・法人等）との貯金取引等に際して知った事項や、これに関して知り得た事項（住所・氏名・口座番号・残高・取引内容・信用状態など）については、正当な理由なく他に漏らしてはならないという守秘義務があるとされています。

この守秘義務の法的根拠は、明文の規定はないものの、①商慣習に基づく義務とする商慣習説、②信義則上の義務とする信義則説、③ＪＡ等金融機関が守秘義務を負うことを明示または黙示に合意しているとする契約説、などがあります。いずれの説であっても、単なる道徳上の義務ではなく法律上の義務であり、ＪＡ等金融機関が正当な理由なく取引先の秘密を漏えいし、取引先に損害が発生した場合は、債務不履行ないし不法行為に基づく損害賠償責任を負うことになります。

2 守秘義務の対象となる事項

守秘義務の対象となる事項は、個人や法人のほか、権利能力なき社団（マンション管理組合やＰＴＡなど）などとの取引等を通じて、直接・間接に知った当該個人や法人等の財産状態（預貸金残高等）や取引状態に関する事項、およびこれに基づいて形成された判断ないし評価（貸出先の財務状況や信用格付等）を広く含むと解されています。

3 守秘義務と個人情報保護法

守秘義務の対象となる事項のうち、個人情報（氏名・生年月日・住所等の生存する個人に関する情報であり特定の個人を識別できるもの、および個人識別符号が含まれるもの）については、金融機関等の個人情報取扱事業者は、個人情報保護法に基づく厳格な安全管理措置が義務付けられています。

4 守秘義務や個人情報保護法に違反した場合の責任

ＪＡ等金融機関の従業者等が貯金者（個人・法人等）の情報を漏えいしたことによって本人（貯金者）に損害が発生した場合、当該従業者等は、債務不履行責任（民法415条）ないし不法行為責任（同法709条）を負うことがあり、ＪＡ等金融機関も使用者責任（同法715条）を問われるおそれがあります。

個人情報については、本人の同意なく第三者に提供することは禁じられており（個人情報保護法23条）、情報漏えい等防止のために、適切な措置を講じる必要があります（同法20条）。個人情報取扱事業者であるＪＡ等金融機関は、個人情報の第三者提供違反や安全管理義務違反を引き起こした場合、管理態勢等に問題があるとして、勧告および是正命令の対象となります（同法42条）。

是正命令等に違反した者は、６ヵ月以下の懲役または30万円以下の罰金（ＪＡ等金融機関にも罰金）に処せられます（個人情報保護法84条・87条）。

また、ＪＡ等金融機関の従業者等が、その業務に関して取り扱った個人情報データベース等を自己もしくは第三者の不正な利益を図る目的で提供しまたは盗用した場合は、1年以下の懲役または50万円以下の罰金（ＪＡ等金融機関にも罰金）に処せられます（個人情報保護法83条・87条）。

5 事例の場合

当然のことながら、夫婦、親子の間でも貯金取引等の秘密というものが存在すると考えるべきあり、夫婦や親子といえども本人の同意を得ないで取引内容等を漏らしたりすると、守秘義務違反や個人情報保護法違反を問われることになります。

したがって、残高証明書の発行に際しては、貯金者本人であるＡの同意を得ることが不可欠です。

Q 105

●ＪＡの守秘義務が免除される場合・されない場合

ＪＡの守秘義務が免除されるのはどのような場合ですか。また、守秘義務違反を問われた裁判例はありますか。

A 105

ＪＡの守秘義務が免除されるのは、顧客の承諾がある場合のほか、法令に基づく開示請求の場合などがあります。なお、第三者の個人情報を厳秘扱いの条件で漏らしたために守秘義務違反を問われた裁判例があります。

解説

1 守秘義務の例外

顧客の明示または黙示の承諾がある場合のほか、ＪＡと取引先とが訴訟になりＪＡ自身の利益を守るために必要な場合や法令に基づいて公権力が発動される場合には、守秘義務は例外的に免除されます。

なお、法令に基づいて公権力が発動される場合とは、①裁判所の文書提出命令・検証（民事訴訟法223条・232条）、②裁判所の令状に基づく捜査機関の押収・捜査・検証（刑事訴訟法99条・102条・128条）、③監督主務官庁による報告、資料の提出・検査（銀行法24条・25条）、④課税上または滞納処分・犯則処分のためになされる税務職員、徴収職員の質問検査権、捜査権（国税通則法74条の２・131条・132条、国税徴収法141条・142条等）などがあります。

2 個人データの第三者提供の例外

個人データの第三者提供について、本人の同意が不要となる場合は、①法令に基づく場合（警察、裁判所、税務署等からの照会）、②人の生命・身体・財産の保護に必要な場合（災害時の被災者情報の家族・自治体等への提供など、本人同意取得が困難な場合）、③公衆衛生・児童の健全育成に必要な場合（児童・生徒の不登校や児童虐待のおそれのある情報を関係機関で共有する場合など、本人同意取得が困難な場合）、④国の機関等の法令の定める事務への協力の場合（国や地方公共団体の統計調査等への回答）、⑤委託、事業承継、共同利用の場合、などです。

3 銀行が預金者の預金内容を第三者に漏えいし守秘義務違反を問われた裁判例

（1）事案の内容

Ｙ銀行は、取引先のＷ株式会社第３営業所とその従業員の貯金その他の関連取引について税務調査を受けました。後日、Ｗ社の担当部長らがＹ銀行に来店して、税務調査のあったことを連絡しなかったことに苦情を申し立てるとともに調査結果写しの交付を求めました。

Ｙ銀行担当者は、調査結果写しの交付については拒否しましたが、担当部長が銀行には迷惑をかけず部長個人の責任で処理するといって強く求めたので、厳秘扱いを条件としてＷ社従業員Ｘほか１名の調査結果写しを交付しました。

ところが、厳秘扱いの約束に反して担当部長はＸにこの写しを見せて、預金の内容について詰問したり、確定申告をするように注意したりしました。

そこで、Ｘは、Ｙ銀行担当者は正当な理由がないのに守秘義務に反して自己の貯金取引に関する詳細な写しを上司（担当部長）に漏らしたのはプライバシーの権利を侵害したものであるとして、Ｙ銀行に損害賠償を請求しました。

（2）判決要旨

上記事案について、東京地判昭和56・11・9（金融法務事情1015号45頁）は、次のように判示して、Ｙ銀行の損害賠償責任を認めました。「銀行と預金契約を結んだ者は、いついかなる金額が預金されたか、支払を受けたか、また預金残高がいくらあるかは私事に属することとして濫りに第三者に知られないことについて利益を有し、同利益は法律上保護に価するものというべきであり、したがって契約の相手方である銀行としても、当然に預金契約者の預金の内容等について秘密を守るべき義務があり、銀行又はその被用者が職務上正当な理由がなく右守秘義務に反して預金契約者の預金内容等を第三者に漏洩し、そのために預金契約者が損害を被ったときは、銀行は債務不履行もしくは不法行為として右損害を賠償すべき義務があるものというべきである」。

Q 106

●弁護士法23条照会と守秘義務・個人情報保護法

貯金取引先Cの住所と漢字氏名について、弁護士会から弁護士法23条の2に基づく照会の書面が届きました。Cは、違法な金融業者であることが最近判明しています。

照会の内容は、被害者がCに対して被害回復のための裁判を提起するために、Cの住所と漢字氏名の情報が必要というものです。開示に応じてもよいでしょうか。

A 106

事例のように、Cが違法な金融業者であることがわかっている場合には、照会の理由が正当なものであり、かつ、照会内容が住所等の場合は、Cの不同意を理由とする開示謝絶は正当な理由がないとされるおそれがあります。

解説

1 個人情報の第三者提供禁止と例外

取引先と利害を有する第三者（弁護士等）から、その取引内容の照会を受けた場合、本人の承諾を得ないで照会に応じると守秘義務違反を問われます。

また、個人情報の場合は、個人情報保護法によって、原則として第三者提供は禁止されます。本人の承諾を得ないで、第三者に情報提供することが例外的に許される場合は、法令に基づく場合等、一定の場合に限られます。

2 弁護士法23条の2に基づく照会と裁判例

（1）照会に対する一般的な対応と裁判例の考え方

ただし、弁護士会の照会（弁護士法23条の2）や家庭裁判所からの照会（家事事件手続法62条）等については、取引先の了解を得なければ守秘義務に反すると解する考え方もあるため、原則として本人の承諾を得ておく扱いが一般的となっています。

しかしながら、弁護士法23条の2に基づく照会に関する裁判例（大阪高判平成19・1・30判決・金融・商事判例1263号25頁）においては、照会を受けた金融機関にはこれに答える義務があり、守秘義務にも違反しないものとする判断が示されています。

また、弁護士会照会の照会事項に対する報告義務等に関する裁判例（最判平成28・10・18金融・商事判例1507号14頁の差戻審である名古屋高判平成29・6・30金融・商事判例1523号20頁）においては、郵政事業会社は、弁護士法23条の2に基づき、提出された可能性のある転居届に関し、その有無、提出年月日、転居届記載の新住所（居所）について照会された場合には、郵便法8条2項に基づく守秘義務より弁護士法23条の2に基づく報告義務が優越し、その報告拒絶には正当な理由がないと判示しています。

（2）裁判例を踏まえた対応

したがって、事件の内容によっては、本人の承諾を得ることなく照会に応じるべき場合があり得るものと考えられます。

例えば、違法な金融業者と取引があるＪＡ等金融機関が、その住所と電話番号の開示を弁護士法23条の2に基づき求められた場合は、照会の理由を確認したうえで回答の可否を判断すべきでしょう。照会の理由が、違法な金融業者の被害者が被害回復のための裁判を提起するために違法な金融業者の住所と漢字氏名等の情報が必要というものであれば、原則として対象者の同意を得なくても開示に応じるべきと考えられます。

これに対し、商売上のトラブル関係にある相手方の弁護士が所属する弁護士会から、ＪＡ等金融機関の取引先の貯金取引内容について照会があった場合は、貯金者本人の承諾が得られなければ回答に応じないという対応も検討すべきです。

また、ＪＡ等金融機関と弁護士会が協定を締結し、債務名義に表示された債務者に係る貯金口座の有無や取引店、口座種別、残高について、債務者の同意を得ないで弁護士法23条の2に基づく照会に応じるが、これにより債務者から損害賠償請求訴訟が提起された場合は、弁護士会は訴訟参加等の協力をするとともに、ＪＡ等金融機関が敗訴し弁護士会に法的責任がある場合はＪＡ等金融機関の求償に応じることや、ＪＡ等金融機関は適切な手数料を得る、などの対応もあるようです（香月祐爾「弁護士会照会と金融機関の対応－名古屋高裁平成29年6月30日判決の理論と実務」銀行法務21第820号4頁参照)。

なお、弁護士法23条の2に基づく犯罪履歴の照会に対して、本人の承諾を得ないで回答した役所が守秘義務違反を問われた判例（最判昭和56・4・14民集35巻3号620頁）があります。犯罪履歴は個人情報保護法2条3項が定める要配慮個人情報であり、個人情報保護委員会および金融庁が定めた「金融分野における個人情報保護に関するガイドライン」の5条に規定されるセンシティブ情報に該当します。

Q 107

●税務調査への対応と守秘義務・個人情報保護法

貯金取引先Ｄから、ＪＡに対して、税務調査に関する連絡がありました。もしかすると、近々、税務署から調査依頼の連絡があるかもしれないが、任意調査なので、調査に応じないでほしいとのことです。どのように対応すればよいでしょうか。

A 107

任意調査で最も多い国税通則法等に定める質問検査権（国税通則法74条の２等）に基づくものは、ＪＡは正当な理由がない限り拒絶できません。また、貯金者の承諾が得られないことは正当事由に該当しません。本人（貯金取引先）の同意を得ずに税務調査に応じても、ＪＡの守秘義務は免除され、個人情報保護法上も許されます。

解説

1　任意調査の拒絶と正当理由

税務署が行う調査には、任意調査と強制調査とがありますが、国税通則法の規定に基づく強制調査の場合は、裁判官の許可を得て行われるものであるため、これを拒否することはできません（同法132条１項）。

任意調査の場合は、最も多いのは国税通則法等に定める質問検査権（国税通則法74条の２等）に基づくものですが、ＪＡ等金融機関に対し帳簿書類等を検査することができ、ＪＡ等金融機関は正当な理由がない限り拒絶することはできません。

正当な理由がある場合とは、例えば、調査のため来店した税務署員に身分証明書の提示を求めたのにもかかわらず提示を拒否された場合や、任意調査の根拠となる「金融機関の預貯金等の調査証」等の提出を求めたのにもかかわらず提出を拒否された場合のほか、被調査者を特定しない調査の場合などです。

ただし、もともと税務調査が行われるのは、納税者に脱税の疑いがある場合ですから、例えば、事前に貯金者から「調査に応じないでほしい」と要請されたとしても、当該税務調査を拒否する正当な理由にはなり得ません。

2 守秘義務、個人情報保護法との関係

税務調査については、取引先に対するＪＡ等金融機関の守秘義務は免除され、個人情報保護法においても、本人（貯金取引先）の同意がなくても「情報の第三者提供」が許される場合に当たります（同法 23 条 1 項 4 号）。

Q108 ●警察署からの貯金取引状況の照会と守秘義務

警察署から「犯罪捜査のために必要」として、取引先の貯金取引状況の照会がありました。このような照会に答える義務があるのでしょうか。また、守秘義務に反することはないでしょうか。

A108

警察官は、犯罪捜査のため、公私の団体等に照会して必要な事項の報告を求めることができますが、回答義務はありません。ただし、公益目的の制度ですから、原則として照会に応じるべきであり、警察官の身分証明書や捜査関係事項照会書の提出を受けて照会内容を確認し、当該特定の照会内容のみ回答します。このように対応すれば、守秘義務にも反しません。

解説

1 任意捜査と強制捜査

警察官（司法警察職員）は、犯罪の捜査については、公務所または公私の団体に照会して必要な事項の報告を求めることができます（刑事訴訟法197条２項）。この照会は任意捜査によるものであり、法的には回答義務がありません。しかし、ＪＡ等金融機関が謝絶したために目的を達成できない場合は、裁判官の発する令状により強制捜査に切り替えて、差押、記録命令付差押、捜索または検証することができます（同法218条１項）。ＪＡ等金融機関は、この強制捜査を拒むことはできません。

2 任意捜査への回答と守秘義務

刑事訴訟法に基づく任意捜査は、犯罪捜査という公益目的の制度であり、特別な事情のない限りこれに応じるべきであり、貯金者本人の承諾を得ないで回答しても、ＪＡ等金融機関が守秘義務違反を問われることはなく、個人情報保護法上も、法令に基づく場合であるため本人の承諾を得ないで回答することが認められています（同法23条1項1号）。

3 回答に際しての留意点

任意捜査に回答する場合は、警察官に身分証明書の提示を求め、「捜査関係事項照会書」の提出を受けて当事者（貯金者）および照会内容を確認し、問題がなければ当該特定の照会内容のみ回答するようにします。

第6章

当座勘定取引と手形・小切手

109

●当座開設時のＪＡ等金融機関の信用調査

新規開業のために設立したというＡ株式会社と当座勘定取引を開始しました。ところが、Ａ社は半年後に不渡事故を起こし、取引停止処分を受け倒産しました。調査したところ、開業の実態はなく、手形や小切手取引により資金をだまし取られた企業が続出しました。もしも手形所持人から不渡責任を追及されたらどうなるのでしょうか。

A
109

原則として、手形所持人に対する損害賠償責任を負担することはないと思われますが、ＪＡ等金融機関が少し注意すれば判明したにもかかわらず、漫然と取引を始めたために損害を受けたという場合は、当該金融機関の責任が問われるおそれがあります。

解説

1 信用調査は不良取引先排除のため

当座勘定取引開始にあたってＪＡ等金融機関は相手方を調査することにしていますが、それは経営に問題がある先、特に経営破たんのおそれのある事業者や会社、経営実態のない詐欺的な会社等を排除するためです。

ＪＡ等金融機関は、取り込み詐欺的に振り出された手形が後に支払呈示されても、「取引なし」等で不渡処理すれば済みます。しかし、当該不渡手形を取得して損害を被った手形所持人から、当該金融機関の当座開設時の調査不足がこの不渡りの主因であるとして責任を追及されるおそれもあります。

この点については、判例・通説もＪＡ等金融機関が信用調査をするのは不良取引先排除のためであって、手形所持人等、第三者のために調査するものではないとしていますので（名古屋地判昭和48・2・15金融・商事判例361号17頁)、手形所持人の責任追及には理由がないということになります。

2 重過失によって経営実態の不存在を見抜けなかった場合

ただし、注意すべき点は、経営実態のない詐欺的な会社であることについて、ＪＡ等金融機関が少し注意すれば判明したにもかかわらず、漫然と取引を始めたために第三者が取り込み詐欺に遭い、不渡手形をつかまされ損害を受けたというような場合は、例外的に当該金融機関の責任が問われるおそれがあります（東京地判昭和49・8・8金融法務事情749号36頁）。

110

●当座勘定契約解約後の未使用手形の回収

当座勘定取引の解約後、未使用の手形用紙が悪用されることがあるようですが、ＪＡには手形用紙の回収義務があるのでしょうか。

110

法的な回収義務はありませんが、思わぬ被害が発生するおそれがある以上、社会的責任上も、このようなリスクを発生させないためにも、回収努力をすべきでしょう。

解説

1 未使用手形の悪用事例

当座取引解約後、未使用の手形用紙が横流しされて、用紙を手に入れた者がこの用紙を悪用して不当な利益を得るというケースがあります。例えば、事情を知らない第三者から手形と引換えに商品を取り込んで転売し、手形は不渡りにするというケースです。

2 未使用手形回収義務の有無と回収努力

そこで、この場合、不渡手形の所持人は、ＪＡ等金融機関には「未使用用紙回収義務」があるとして、ＪＡ等金融機関に対し不渡手形金相当額の損害賠償を求めることができるかですが、この点について判例は、銀行の回収義務を否定しています（最判昭和59・9・21金融・商事判例707号3頁）。

ただ、被害の発生を未然に防止するためにも、ＪＡは回収努力を怠ってはなりません。容易に回収できる状況にあったのにもかかわらず、漫然と放置していたために被害が発生したような場合、ＪＡの責任が問われるおそれがあります。

なお、当座勘定規定ひな型24条2項では、当座取引先に未使用手形や小切手の返還義務があることを規定しています。

Q 111

●当座勘定取引先の社長が死亡した後の手形の振出

当座勘定取引先（株式会社）の社長が死亡しましたが、まだ新社長は決まっていません。新社長が決まるまでの間、手形の振出はどうなるのでしょうか。

A 111

原則として、新社長が就任するまでは新たな手形の振出行為はできません。あらかじめ代理人が選任され、代理人が手形の振出行為を行っていた場合は、引き続き代理人が手形の振出行為をすることができます。

解説

1　新社長就任までの手形の振出等

株式会社の社長（代表取締役または取締役）が死亡すると、通常は後任の新社長を選任してもらい、その旨を届け出てもらうことになります。株式会社の取締役は、各自株式会社を代表しますが、代表取締役その他株式会社を代表する者を定めた場合は、その者が会社を代表します（会社法349条）。したがって、新社長が就任するまでは新たな手形の振出行為はできません。

なお、社長が生前振り出した手形については、死亡後に支払呈示されたとしても、会社との支払委託契約（つまり当座勘定契約）が社長の死亡によって終了するわけではありませんので、支払銀行は、支払委託の取消がない限り、当座貯金残高の範囲内で支払う義務があります。

（1）取締役会設置会社の場合

取締役会設置の株式会社の場合は、取締役会によって必ず代表取締役を選任しなければなりません（会社法362条３項）。そこで、質問の取引先が取締役会設置会社の場合は、残りの取締役によって取締役会を開催し新代表取締役を選任することが必要であり（同法362条３項）、新しい代表取締役が決まるまでは手形の振出はできません。

金融機関との取引上は、後任の代表取締役を選任のうえその旨を届け出てもらうことが必要です。

（2）取締役会非設置会社の場合

取締役会非設置会社（特例で有限会社を名乗っている株式会社の場合は、取締役会を設置することはできません）の場合、代表取締役の定めがなく取締役が各自会社を代表していた場合は、他の取締役が手形の振出等の行為をすることができます。しかし、代表取締役の定めがある場合は、新しい代表取締役が決まるまでは手形の振出はできません。

2 代理人の定めがある場合

ただし、手形の振出等につきあらかじめ代理人が定められていて、生前からその代理人によって手形が振り出されている場合は、社長死亡後もそのまま代理人による手形の振出は可能です。

112

●満期日前になした手形の支払の効力

持出銀行が誤って満期より1ヵ月前に約束手形を支払呈示し、支払銀行もそのまま支払った場合、支払の効力はどうなるのでしょうか。

112

支払銀行の責任において支払ったことになり、手形所持人が正当な権利者ではなかった場合には、その損害は支払銀行の負担となります。

解説

1　満期前の支払の危険負担

当座勘定規定によれば手形の支払は「呈示期間内」に呈示されたものを支払うこととされていますから、満期1ヵ月前の手形の支払は委託されていません。その意味では支払銀行の責任において支払ったことになります。

手形法も「満期前ニ支払ヲ為ス支払人ハ自己ノ危険ニ於テ之ヲ為スモノトス」(同法40条2項)と定めています。

2　実務対応策

(1) 手形所持人が正当な権利者の場合

支払呈示をした手形所持人が正当な権利者であった場合、支払銀行は、仮払金により当該手形金を支払った処理に変更し、当座の出金は取り消します。そして満期が到来したときに再び当座から出金し、仮払金に充当します。

(2) 手形所持人が正当な権利者ではなかった場合

これに対して、手形所持人が正当な権利者ではなかった場合は、その満期前の支払の効力は認められません。というのは、例えば実は満期に不渡返還すべきであったのに、支払銀行が満期前に誤って支払ってしまったことになるからです。この場合も、支払銀行は、仮払金としての支払に切り替えて、当座の出金を取り消すほかありません。しかしながら、満期が到来したとしても再び当座から出金して仮払金に充当することができません。自己の責任によって支払ったわけですから、その損害は支払銀行の負担となります。なお、この場合、正当な権利者ではなかった手形所持人は不当に利得しているので、損害を受けた支払銀行は不当利得の返還請求をすることはできます。

Q 113

●ＪＡ等金融機関の白地補充義務

振出日や受取人が白地の手形の取立を依頼された場合、そのまま取り立てるとどのような問題が発生しますか。また、ＪＡは、当該白地を補充する義務があるのでしょうか。

A 113

白地手形の状態で取り立てて不渡返還された場合、取立依頼人（所持人）は、裏書人に対する遡求権を行使できなくなります。つまり、取立依頼人は、白地を補充して取り立てなければ、思わぬ損害を被るおそれがあります。

貯金規定上は、取立依頼人に対して白地補充を促す旨の定めがあり、ＪＡには白地を補充する義務はない旨が定められています。ただし、取立依頼人に対しては、一言補充すべきことを助言するべきでしょう。

解説

1 白地手形の状態で取り立てた場合の取立依頼人の権利

手形要件である振出日や受取人が白地の手形は、手形法上は手形としての効力を有しません（手形法２条１項）。また、手形要件の一部が白地の状態での支払呈示は無効です(注)（最判昭和33・３・７民集12巻３号511頁）。

したがって、手形の所持人（取立依頼人）は、例えば、振出日白地のまま満期に支払のため呈示したとしても、当該支払呈示は無効であり、不渡返還された手形の裏書人に対する手形上の権利（遡求権）を行使することができなくなります（最判昭和41・10・13民集20巻８号1632頁）。また、その支払呈示期間経過後に白地を補充しても、無効な支払呈示が遡って有効になるものでもありません（前掲最判昭和33・３・７）。

つまり、資力のある裏書人がいる場合でも、所持人はその裏書人に遡求できなくなるので、思わぬ損害を被ることになり、所持人（取立依頼人）から

「ＪＡが白地を補充してくれれば遡求できたのに白地のまま支払呈示したので遡求できなくなった。この責任はＪＡにある」と主張されることが考えられます。

（注）振出日や受取人が白地の手形による支払呈示は、手形法上無効な手形による無効な支払呈示であるが、支払銀行は、当座勘定に貯金残高があれば、当座勘定規定（当座勘定規定ひな型17条1項）に基づき振出人の承諾を得ることなく支払うこととしている。もしも、資金不足の場合は不渡返還することになる。

2　ＪＡ等金融機関の白地補充義務の有無と貯金規定

この点について、判例は、金融機関には白地補充義務のほか、白地補充を促す義務もないとしており（最判昭和55・10・14金融・商事判例610号3頁）、当座勘定規定のほか普通貯金規定にも白地補充義務のない旨を定めています（当座勘定規定ひな型1条2項、普通貯金規定ひな型2条2項）。

ただし、取立依頼をされたときに要件の白地は明らかですから、利用者保護の視点に立って、ひとこと補充すべきことを助言するべきでしょう。これで、前記のような無用なトラブルは回避できます。

Q 114

●手形・小切手の記載事項の訂正・抹消

当座貯金に入金依頼された小切手の振出日が訂正されているものの、訂正印がありません。このまま受け入れてもよいでしょうか。

また、取立依頼を受けた手形の被裏書人欄が抹消されている場合、このまま受け入れてもよいでしょうか。

A 114

小切手の訂正後の振出日が先日付でない限り、そのまま入金して取り立てても何ら問題はありません。また、手形の被裏書人欄が抹消されている場合は、白地式裏書しての効力が認められるので、そのまま取り立てても何ら問題はありません。

解説

1 手形・小切手の訂正・抹消の方法

手形や小切手の記載事項の訂正や抹消の方法については、法律上何ら定めはありません。一般的には、訂正なら訂正箇所に二本線を引いて余白に正しい記載をするでしょう。また、抹消なら抹消すべき箇所に二本線を引きますが、外観上それとわかればよいのです。

訂正用具についても、ボールペンはもちろん鉛筆でも訂正等の効力が認められますが、途中で簡単に消されない用具を用いるべきでしょう。なお、約束手形用法や為替手形用法、小切手用法では、簡単に消されない用具を用いるように要請しています。

2 訂正印・抹消印の要否

問題は訂正印や抹消印ですが、これがなくても訂正・抹消の効力が認められます。ただし、実務上は、訂正者や抹消者が誰であるかを明確にするため

(つまり、権限のある者による訂正等であるか否かを確認できるようにするため)、印を押印してもらうことが多いと思われます。しかし、判例は、例えば約束手形の裏書のうち被裏書人の記載のみが抹消された場合、当該裏書は、裏書の連続の関係においては、右抹消が権限のある者によって抹消されたことを証明するまでもなく、白地式裏書となるとしています（最判昭和61・7・18民集40巻5号977頁)。

3 実務対応策

したがって、小切手の訂正後の振出日が先日付でない限り、訂正印なしのまま入金して取り立てても法的に何ら問題はありません。手形交換所における取扱いも訂正印漏れは形式不備から除かれ、不渡事由とはなりません。なお、訂正後の小切手の振出日が先日付となっていた場合は、取立依頼人にこのまま（つまり、振出日前に）取り立てても問題ないのかどうかを確認したうえで、もしもそのまま取り立てるのであれば念書等（例えば、振出日前の取立につき振出人が了解済である旨の念書など）を徴求したうえで対応するようにします。

また、手形の被裏書人欄が抹消されている場合は、無権利者によって抹消されていたとしても白地式裏書としての効力が認められるので、そのまま取り立てても法的にも何ら問題はありません。手形交換所の取扱いも、抹消印の有無を問わず白地式裏書として取り扱うこととしているので、形式不備による不渡事由にも該当しません。

Q 115

●手形要件（必要的記載事項）以外の手形の記載事項

手形の記載事項には、手形要件以外にどのようなものがあるのでしょうか。

A 115

手形要件以外の記載事項には、記載すれば効力の認められる有益的記載事項、記載しても無視される無益的記載事項、記載すれば手形が無効となってしまう有害的記載事項などがあります。

解説

1 有益的記載事項

これは、手形要件のように記載しなければ手形が無効となるのではなく、記載しなくてもよいが記載すればその効力が認められるというものです。

（1）支払場所

支払場所（手形法4条・77条2項）は通常印刷済ですが、これが記載されると、支払呈示期間内の支払呈示については、支払場所に呈示することを要し、手形の主債務者（約束手形の振出人または為替手形の引受人）の住所地に呈示しても、支払呈示の効力は認められなくなります。

一方、支払呈示期間経過後は、支払場所に呈示しても支払呈示の効力はなく、主債務者の本店や営業所に支払呈示しなければならなくなります。

（2）拒絶証書作成不要文句

拒絶証書作成不要文句（手形法46条・77条1項4号）は、約束手形や為替手形の裏書人欄のほか、為替手形や小切手の振出人欄にあらかじめ印刷されています。この記載があると、手形所持人が裏書人等に対して遡求権を行使する場合に、拒絶証書は不要ということになります。

2 無益的記載事項

これは、記載しても無視される（記載なしとして扱われる）もので、何の効力も認められないものです。例えば、確定日払の手形の利息の約定（手形法5条1項・77条2項)、指図文句（同法11条1項・77条1項1号)、小切手上の満期日の記載（小切手法28条）などです。

3 有害的記載事項

これは、記載すると手形が無効になってしまうものです。例えば、分割払の定めや条件付支払の定めなどです。

Q 116

●振出日が満期日より後の手形の効力

約束手形の振出日の記載が満期日より将来の日になっている場合、この手形の取立依頼に応じてもよいでしょうか。

A 116

最高裁判所は、満期の日として振出日より前の日が記載されている確定日払の約束手形は、無効とする判断をしています。したがって、振出日を訂正せずに支払呈示しても、形式不備により不渡返還されるおそれがあることを伝えます。

解説

1　学説の考え方

例えば、「振出日令和X年10月1日、満期日令和X年9月30日」と記載されている約束手形の効力については、大別して有効説と無効説があります。有効説は、振出日は手形要件としてはほとんど形式的なものであるから記載されていればよく、満期と振出日の理論的整合性は考える必要はないとする考え方に立っています。一方、無効説は、振出日が満期日より将来の日であることは不合理であるから認められないとする立場ですが、無効説が通説といわれています。

2　判例の考え方

判例は、無効説をとることを明確にしています（最判平成9・2・27民集51巻2号686頁）。この判例は、振出日を白地として振出した約束手形を所持人が満期日を変造し、それにあわせて振出日を補充したうえ、この手形を裏書譲渡したものです。譲受人はこの手形を支払呈示したところ、満期変造で支払拒絶されたので支払請求訴訟を提起したところ、振出人は変造前の満期日を基準にすると（手形法69条）、振出日は満期日より将来の日となるから無効である、と主張したものです。

このような事実関係のもとにおいて、最高裁は、満期の日として振出日より前の日が記載されている確定日払の約束手形は、無効とする判断をしました。

3 実務対応策

約束手形の満期日と振出日が逆転した原因は、白地補充権を有する手形所持人が、同人の遡求権等を保全するため、白地となっていた振出日を補充したものの、誤って記載した場合が多いと思われます。そうであれば、手形所持人が、その間違った振出日を訂正したうえで取立依頼をすれば、適法に取り立てることができます。

117

●振出日が休日の場合と満期日が休日の場合

確定日払の約束手形の振出日は休日でもかまわないのでしょうか。満期日が休日の場合、手形の支払はどのようになるのでしょうか。

A 117

手形の振出日は、実際に振り出した日を記載する必要はなく、一般的にみて適当な日であればいつでもよいのです。休日であってもかまいませんが、満期より将来の日を記載しないよう注意が必要です。手形の満期日が休日の場合は、これに次ぐ第１の取引日が当該手形の「支払をなすべき日」となります。

また、支払呈示期間は、この「支払をなすべき日」とこれに次ぐ２取引日となるので、この期間内に支払呈示しなければなりません。

解説

1　振出日記載漏れの手形の効力

確定日払の約束手形については、振出日の機能はほとんどないのではないかという考え方があります。しかし、判例は一貫して振出日の要件性を厳格に解釈し、手形要件である振出日や受取人の記載を欠いた手形による手形債権や遡求権の行使をいっさい認めていません（受取人記載漏れの手形につき、最判昭和41・6・16民集20巻5号1046頁。振出日記載漏れの手形につき、最判昭和41・10・13民集20巻8号1632頁）。

2　手形交換所規則、当座勘定規定と手形の効力

ところで、手形法上要件とされている振出日や受取人については、手形交換所規則（施行細則77条）上は形式不備とはしないこととされ、当座勘定

規定ひな型（17条）上は、当該記載漏れの手形が支払呈示された場合は、振出人に何ら確認することなく当座貯金から支払うことになっています。

しかしながら、これらの規定は、交換事務や当座勘定の支払事務の便宜上定められたものであり、これらの規定によって要件不備のまま支払事務がなされているからといって、要件不備の手形が手形法上有効な手形となるわけではないことに留意すべきです。

3 手形の振出日は休日でもよいか

振出日は、実際に振り出した日を記載する必要はなく、一般的にみて適当な日であればいつでもよいとされています。休日であってもかまいません。ただし、満期より将来の日を記載すると手形の効力が無効となるので、この点には注意が必要です。

4 手形の満期が休日の場合と支払呈示期間

手形の支払呈示期間は、「支払をなすべき日」とこれに次ぐ2取引日となっています（手形法38条1項）。また、手形の満期が休日の場合はつぎの第1取引日まで支払請求はできないことになっています（同法72条1項）。つまり、満期が休日の手形の「支払をなすべき日」とは、満期（休日）に次ぐ第1取引日であり、さらにこれに次ぐ2取引日の合計3営業日が支払呈示期間となります（最判昭和54・12・20金融・商事判例588号3頁）。

118

●偽造手形の被偽造者の責任

偽造手形は被偽造者に支払責任がないといわれますが、どうしてでしょうか。

A
118

被偽造者は振出行為に何らかかかわっていないため、原則として支払責任を負うべきではないためです。ただし、手形所持人は、無権代理や表見代理の類推適用のほか、使用者責任として責任追及する方法があります。

解説

1 手形の偽造と被偽造者の抗弁権

約束手形の振出署名や為替手形の引受署名が無権限者によってなされ、振出人や引受人本人は当該署名に何らかかわっていなかった場合、振出人や引受人本人が不知の振出責任等を負わされることは不合理です。したがって、このような場合、振出人や引受人本人は、手形所持人に対して当然に支払を拒絶できるという考え方です。これを物的抗弁といいます。

2 手形所持人の偽造者、被偽造者に対する手形責任等請求の方法

しかし、手形の所持人からすると納得できません。それは、偽造の事実を知らないで手形を取得したのに支払が受けられないのは、所持人保護に欠けるのではないかという理屈です。これも一理あります。そこで学説・判例は、いろいろ工夫して両者の調整を図っています。

まず、偽造手形に手形の無権代理の規定を類推適用するという考え方です（最判昭和49・6・28民集28巻5号655頁）。これは、無権代理も偽造も実体的に差異はなく同視できるという点から、例えば、約束手形の振出人としてＡ株式会社代表取締役Ｂの記名捺印を、同社の経理部長Ｃが権限なく行っ

た場合、経理部長Cに偽造者としての手形責任を負わせるというものです。

次に、表見代理の類推適用です（最判昭和43・12・24民集22巻13号3382頁）。これは、前記のような経緯で手形が偽造された場合、経理部長C（偽造者）が本人A社から付与された代理権を越えてなされ、手形の受取人が無権限振出につき善意・無過失である場合、A株式会社（被偽造者）の責任を認めるというものです。

その他、本人に使用者責任（民法715条）を求めるもの（最判昭和32・7・16民集11巻7号1254頁）等があります。

119

●融通手形と支払拒絶事由

当座勘定取引先Aから取立を依頼されたX振出の約束手形が「融通手形」であることが判明しました。Aは第一裏書人Bから裏書取得した所持人ですが、Bから「実は融通手形である」と打ち明けられたということです。このまま取り立ててよいでしょうか。

A
119

Aは「融通手形であることを知って」Bから取得したとしても、当該手形の振出人Xに対し手形金の請求をすることができるので、このまま取り立てることで差支えありません。

解説

1 融通手形とは

商取引の裏付のある商業手形に対して、金融の目的（資金を融通する目的）で振出・引受された手形のことを融通手形といいます。一般的には、融通手形はそれを振出・引受する者（質問の場合はX）と受け取る者（質問の場合はB）がともに信用力が乏しい場合が多く、不渡りの可能性が高いといえます。したがって、手形の信用という点では不十分ですから、割引手形としては通常不適格ですが、取立委任を受けることについては不適格とまではいえません。

2 融通手形の抗弁と人的抗弁の切断

実務では、融通手形とは知らずに割引取得した手形を支払呈示したところ、その手形の振出人・引受人から融通手形を理由に支払を拒まれることがあります。しかし、融通手形であることを知って割引取得したとしても、支払拒絶の理由にはなりません（最判昭和34・7・14民集13巻7号978頁）。

というのは、「融通手形であることを知って」割引をしたことと、「商業手形であることを知って」割引をしたことの相違点は、その手形振出の原因が「融通手形契約」か「売買契約」かの違いだけであり、それぞれの契約が履行されることを前提に手形が振り出され、支払期日に支払呈示されれば支払うことが前提となっているからです。

したがって、Bから裏書譲渡を受けて所持人となったAは、「融通手形であることを知って」いたとしても、融通手形の振出人Xに対して手形金の請求をすることができるので、取立委任を受けた金融機関はこのまま取り立てても何ら差支えありません。

なお、手形法17条は、手形により請求を受けた者Xは、所持人Aの前者Bに対する人的関係に基づく抗弁をもって所持人Aに対抗することはできないとしています。つまり; XのBに対する人的関係による抗弁（融通手形であるから支払には応じられないとの抗弁）は、第一裏書人BからAに対する裏書譲渡によって切断され、XはもはやBに対する抗弁をもってAに対抗することはできないということです。

3 悪意の抗弁とは

ただし、判例（最高裁昭和42・4・27民集21巻3号728頁）は、甲乙が互いに交換的に融通手形を振り出し、もし乙が乙振出の手形の支払をしなければ、甲は甲振出の手形の支払をしない旨を約定した場合において、乙がその手形の支払をしなかったときは、甲は、同約定および、乙振出の手形の不渡り、あるいは不渡りになるべきことを知りながら甲振出の手形を取得した者に対し、手形法17条ただし書（77条1項1号）にいう、いわゆる悪意の抗弁をもって対抗することができるとしています。

120

●住所、日付、被裏書人などが欠けている裏書の効力

裏書人の住所や裏書日付、被裏書人が空白の裏書は、有効な裏書でしょうか。

120

裏書の方式は、裏書人の署名（または記名捺印）のみでよく、裏書人の住所や裏書日付が欠けていても裏書の効力に影響はありません。また、被裏書人欄が空白の裏書も、手形法で白地式裏書として認められています。

解説

1 被裏書人欄が空白の裏書

裏書の方式については、手形法は裏書人の署名（または記名捺印、手形法82条）を要件としています（手形法13条1項・77条1項1号）。また、裏書欄は裏書人の署名欄と被裏書人欄に分かれています。裏書人欄の裏書人の署名は裏書の要件ですから必要ですが、被裏書人欄の記載は必ずしも必要ではありません。もしも、被裏書人名が記載されていなくても「白地式裏書」として有効な裏書となります（同法13条2項・77条1項1号）。

2 裏書人の住所の記載がない場合

裏書人の署名はあるものの住所の記載がない場合、法的効力にはまったく問題ありません。しかし、当該手形が不渡返還された場合に、手形の所持人が当該裏書人に対して遡求権を行使（手形法43条）しようとしても、住所が不明ですからその調査に手間取ることになります。

したがって、裏書人の住所の記載のない裏書のある手形は、ＪＡ等金融機関が取立手形として預かる場合であれば、遡求権の行使に手間取るおそれがあることを取立依頼人に説明すべきでしょう。また、ＪＡ等金融機関自身がこのような手形を割引取得したり担保取得することは避けるべきでしょう。

第6章

3 裏書の日付

次に、裏書の日付ですが、これも裏書の要件ではないので、記載がなくても法的にはまったく問題ありません。日付が記載されていたとしても、その日に裏書されたらしいという程度のものです。もしも、記載がなければその裏書は支払拒絶証書作成期間経過前にされたものと推定されます（手形法20条2項・77条1項1号）。したがって、このような手形の取立を依頼された場合に、取立依頼人に裏書日付を補充するよう依頼することやＪＡ等金融機関が補充することは、法的にも実務的にも必要ありません。

4 裏書の日付等と裏書の連続

裏書が複数あってその日付が不整合である場合とか、振出日との関係が不整合な場合であったとしても、裏書の連続上、特に問題はありません。裏書日付の順番ではなく裏書自体の順番をみて判断すればよいのです。また、被裏書人欄が空白の場合は、その後の裏書の連続においては必ず連続することになります。

121

●被裏書人欄の記載を誤った場合の対応

取立委任を受けた約束手形の第二被裏書人欄にＪＡのゴム印を押印すべきところ、誤って第一被裏書人欄に押印してしまいました。どうすればよいでしょうか。

121

誤って押印した被裏書人を抹消し、第二被裏書人欄にＪＡのゴム印を押印し直して取立を行えばよく、抹消印も不要です。

解説

1 被裏書人の記載のみの抹消は白地式裏書となる

質問の場合は、裏書不連続となり形式不備となってしまうので、そのまま取り立てても不渡返還されてしまいます。そこで、どのように修正すればよいのかが問題となります。

この点について判例（最判昭和61・7・18民集40巻5号977頁）は、約束手形の裏書のうち被裏書人の記載のみが抹消された場合、当該裏書は、裏書の連続の関係においては、右抹消が権限のある者によってされたことを証明するまでもなく、白地式裏書となるとしています。その根拠は手形の流通を保護するところにあるようですが、実務対応としては、誤って押印した被裏書人のみを単に抹消すればよいことになります。これにより、第一裏書は白地式裏書となり、裏書は連続することになります。

2 抹消印漏れがあっても「裏書不備」とはならない

前掲最高裁昭和61年7月18日判決の判断を受け、全国銀行協会は、被裏書人欄の抹消の場合には、該当箇所への抹消印の有無にかかわらず、白地式裏書として取り扱うこととし、「裏書不備」を理由とする不渡返還はできない旨を通達しています。

したがって、質問の場合は、第一被裏書人欄の誤った記載を単に抹消し、第二被裏書人欄に押印し直せばよく、抹消印は不要ということになります。

なお、このような手形が支払呈示された場合、抹消印が押印されていないとして、「裏書不備」を理由とする不渡返還を誤って行うことのないように注意が必要です。

122

●裏書の連続

第一裏書人がA社で被裏書人がB社、第二裏書人がC社でその被裏書人D社が手形所持人となっている場合、D社は手形金の支払を受けられないのでしょうか。

A 122

裏書が形式的に不連続の場合は、実質的に連続している場合であっても、その所持人D社は正当な権利者とはみなされないため、支払呈示をしても支払を受けられません。ただし、実質的な裏書の連続を証明することなどによって権利行使できる場合があります。

解説

1 裏書の連続とは

手形は、裏書によって転々流通することを特色としています。そこで問題は、手形の正当な権利者をどのような方法で判定するかです。そのつど流通過程を調査して正当な権利者であるか否かを決定するのでは手形は流通しません。

そこで、手形法は、この点を解決するべく外観・形式で正当な権利者を決定することにしました。また、途中の裏書に偽造裏書や架空名義裏書などの無効な裏書が介在していたとしても、形式的に連続しているのであれば、裏書の連続が認められます（最判昭和30・9・23民集9巻10号1403頁）。

2 裏書の連続と所持人の権利行使

「裏書の連続」とは、受取人から最後の被裏書人に至るまでの各裏書が形式的に連続していることをいい、形式的な連続がありさえすれば、その手形の所持人は正当な権利者とみなされ、正当な権利者であることを何ら証明することなく支払を受けることができます。

裏書が外観上、間断なく連続していれば、その手形の所持人（占有者）は正当な権利者とみなされます（手形法16条1項・77条1項1号）。その結果、裏書の連続している手形の所持人は、手形の満期に手形金の支払を請求するには、単に支払呈示するだけで支払を受けることができます。そのつど自分が手形の正当な権利者であることを証明しなくてもよいのです。

3 裏書の不連続と所持人の権利行使

これに対し、裏書が不連続の場合、その所持人は手形の正当な権利者とは認められないため、そのまま権利行使のため支払呈示をしても支払を受けることはできません。

ただし、裏書の連続を欠くために形式的資格が認められなくても、実質的権利を証明することができれば、手形所持人は支払を受けることができます（最判昭和33・10・24民集12巻14号3237頁）。例えば、第一裏書人がA社で被裏書人がB社、第二裏書人がC社で被裏書人D社が手形所持人となっている場合、B社とC社が同一人であることが証明できる場合（例えば、B社が合併によってC社となっている場合など）は、実質的には裏書が連続することになり、手形所持人D社はその実質的権利を証明することができます。

しかしながら、このような、自己が正当な権利者であることの証明は時間と手間がかかりますから、手形を取得する場合、裏書の連続は必ずチェックしなければなりません。

123

●受取人・第一裏書人の同一性の認定

貯金取引先であるＸから、同人が第二裏書人となっている手形の取立委任を受けました。しかし、手形の受取人欄は「Ａ工業所」と記載され、第一裏書人欄は「Ａ工業所代表者Ｂ」と記載されており、受取人欄にはＢの個人名が記載されていません。このまま取立委任を受けてもよいでしょうか。

A
123

裏書の連続は、受取人・第一裏書人・被裏書人の表示と、直後の裏書人の署名の同一性が認められるかどうかで判定します。質問の場合、判例によれば連続が認められるものと考えられ、このまま取立委任を受けても支障ないものと考えられます。

解説

1　裏書の要件・方式等と裏書の連続

「裏書の連続」とは、受取人から最後の被裏書人に至るまでの各裏書が形式的に連続していることをいい、実質的に連続していることをいうのではありません。また、途中の裏書に偽造裏書や架空名義裏書などの無効な裏書が介在していたとしても、形式的に連続しているのであれば、裏書の連続が認められます。

（１）裏書の要件・方式

法律上、裏書の方式は、裏書人の署名（または記名捺印。手形法82条）によって行えばよく、手形の裏面または補せんに裏書をすれば、被裏書人を指定しない白地式裏書でもよいとされています（手形法13条・77条１項１号）。

このように、裏書人の住所のほか、被裏書人や日付は裏書の要件ではないので、これらの記載がなくても、あるいは日付が振出日または先行裏書日の日付と逆転していても方式上無効とはなりません。つまり、裏書人の署名（または記名捺印）があれば裏書として有効とされます。

（2）裏書人と受取人等との同一性の判断（判例の考え方）

次に、裏書が連続しているかどうかは、「裏書人の表示」と「受取人欄（または直前の裏書人の被裏書人欄の表示)」とが、同一の記載となっているかあるいは同一でなくても同一性を認められるかどうかによって決定されます。この同一性の判定について判例・学説は、同一性の程度の問題であり、かつ、社会通念（常識）に服するとしています。さらに、裏書が連続しているかどうかは、両方の記載を比較対照しながら、その関連において合理的解釈を加えて、同一性を判定すべきものだとしています。

裏書の連続が肯定されたものとしては、①愛媛無尽会社岡支店長→北宇和郡泉村岡善恵（最判昭和30・9・30民集9巻10号1513頁)、②受取人・山形陸運（株）→第一裏書人・山形陸運株式会社取締役社長半田瀬市（最判昭和36・3・28民集15巻3号609頁)、③受取人・ミツワ商品株式会社→第一裏書人・ミツワ商品株式会社黒田知弘㊞（最判昭和56・7・17金融・商事判例630号15頁)、④イマキ産業→イマキ産業代表今井喜三郎、などがあります。

一方、裏書の連続を認めなかったものとしては、①榎本濱次郎→榎本和照、②武田信一（武田工業）→左官工事請負武田宗久、などがあります。

2 裏書の連続等に疑義がある場合

以上のように、判例は広く裏書の連続を肯定し、その判断基準も手形所持人の有利になるよう緩やかに解する傾向にありますが、ＪＡ等金融機関の立場では個々の場合に確信をもって判定できない場合があります。よって、裏書の連続について若干の疑義がある場合、取立委任手形についてはそのまま取り立てるかどうか依頼人の判断によることとし、割引手形や担保手形としては受理しないようにすべきです。

Q 124

●呈示期間経過後の手形の支払

手形法には、手形の支払呈示期間として「支払をなすべき日」とこれに次ぐ２取引日が規定されていますが、「支払をなすべき日」とは具体的にはどのようになっていますか。また、呈示期間経過後に誤って手形を支払ってしまった場合、ＪＡの責任はどうなりますか。

A 124

手形面の支払期日が休日や祝祭日に当たる場合は、当該支払期日後の最初の平日が「支払をなすべき日」となります。手形面の支払期日が平日の場合の「支払をなすべき日」は当該支払期日となります。

呈示期間経過後に手形を支払ってしまった場合は、ＪＡは、「事務管理」を行ったことになるので、当該事務管理が手形債務者（当座取引先）の意思に反するものであった場合のリスクは、ＪＡが負担することになります。

解説

1　確定日払手形の「支払をなすべき日」と支払呈示期間

手形法38条１項は、「確定日払、日附後定期払又ハ一覧後定期払ノ為替手形ノ所持人ハ支払ヲ為スベキ日又ハ之ニ次グ２取引日内ニ支払ノ為手形ヲ呈示スルコトヲ要ス」と定めています。この規定により、確定日払手形の支払呈示期間は、「支払をなすべき日」とこれに次ぐ２取引日となり、手形面に記載された支払期日が12月31日（月）となっている場合の当該手形の「支払をなすべき日」は１月４日（金）となります。

また、これに次ぐ２取引日は１月７日（月）と８日（火）となるので、当該手形の支払呈示期間は１月４日と７日と８日の合計３営業日となります。

2 支払呈示期間経過後の支払呈示の効力

前記のとおり、確定日払手形は支払呈示期間内に支払のため支払呈示をしなければならず、支払呈示期間経過後に手形面に記載された支払場所（銀行）に呈示しても適法な支払呈示とは認められません（最判昭和42・11・8民集21巻9号2300頁）。

また、ＪＡ等金融機関は、手形については呈示期間内に支払呈示された場合にのみ支払義務を負い（当座勘定規定ひな型７条１項）、呈示期間経過後に支払呈示された手形については、手形交換所規則施行細則（77条１項１号⑴）に従い、「支払呈示期間経過後」を事由とする０号不渡事由にて不渡返還すべきことになります。

3 呈示期間経過後に手形を支払ってしまった場合

それでは、呈示期間経過後に支払呈示された手形を誤って支払ってしまった場合、ＪＡの責任はどうなるのでしょうか。

ＪＡは、義務なく他人（当座取引先）の事務を処理したことになるので、「事務管理」に該当すると考えられます（民法697条）。しかしながら、事務管理については、その事務の性質に従い、最も本人（当座取引先）の利益に適合する方法によって行わなければならず、本人（当座取引先）の意思を知っているとき、またはこれを推知することができるときは、その意思に従って事務管理をしなければなりません。また、事務管理を行ったＪＡは、本人（当座取引先）のために有益な費用を支出したときは、本人に対し、その償還を請求することができますが、本人の意思に反して事務管理を行った場合は、本人が現に利益を受けている限度においてのみ償還請求が可能となります（同法702条）。

したがって、呈示期間経過後に支払呈示された手形を支払う場合は、本人（当座勘定取引先・手形の主債務者）の了解を得て支払うべきであり、ＪＡが勝手に支払うと、本人の意思に反していた場合、ＪＡは本人の現存利益しか償還請求できなくなります（民法702条３項）。

Q 125

●手形・小切手の紛失

当座勘定取引先Ａから「取引先から受領した手形・小切手を紛失した」との相談を受けました。どのようなアドバイスをすればよいでしょうか。

A 125

何よりもまず、速やかに当該手形・小切手の支払銀行に振出人と連名で紛失届を提出する必要があります。さらに、「公示催告・除権決定手続」を行わなければなりません。

解説

1　手形・小切手現物の紛失と除権決定

当座勘定取引先Ａが受取手形や小切手を紛失すると、当該手形等は有価証券ですから、Ａは、手形等現物（紙片）だけでなく、これに一体化した手形債権や小切手債権（権利）をともに紛失したことになります。

そして、紛失手形等が満期等に支払呈示されなかったとしても、手形等は受戻証券ですから、約束手形の振出人は手形と引換でなければ手形債務の支払を拒否できますし、小切手支払人（ＪＡ等金融機関）は小切手と引換でなければ支払を拒否することができ、振出人も当該小切手の遡求義務の履行を拒否することができます。

Ａが紛失した約束手形の振出人から当該手形の支払を受けるためには、公示催告・除権決定手続（紛失手形を無効とする手続）を行うことが必要です（非訟事件手続法114条以下）。除権決定により、紛失手形は無効となり、有価証券から単なる紙切れに戻ります。そしてＡは、手形現物がなくてもこの除権決定によって、紛失手形による権利を主張して、その債務者（約束手形の振出人等）に対して支払請求することができます。

なお、貯金証書を紛失した場合は、手形紛失の場合とまったく異なります。つまり、貯金証書は証拠証券に過ぎませんから、これを紛失したとしても貯金債権（権利）までも紛失したわけではありません。したがって、貯金者は、貯金証書がなくても、貯金者であることを証明することにより、貯金債権の行使（ＪＡ等金融機関に対する支払請求）ができます。

2 紛失したAに対するアドバイス等

紛失した手形等について善意取得者が現れると、手形等の債務者（約束手形の振出人、為替手形の引受人等）は、この正当な権利者である善意取得者に支払わなければならないことになり、紛失したAは、もはや何ら権利行使はできなくなります（手形法16条2項・77条1項1号）。

そこでAは、速やかに支払銀行に振出人と連名で紛失届を提出する必要があります。例えば、紛失手形の拾得者（無権利者）が手形権利者を装って第三者に譲渡しようとしたときに、当該第三者が支払銀行に問い合わせることも考えられるからです。また、支払呈示された場合、所持人が善意取得者かどうかわかりませんので、支払銀行に紛失を理由とする不渡返還手続をとってもらうためにも必要な手続となります。

さらにAは、「公示催告・除権決定手続」を行わなければなりません。善意取得者が現れなかった場合であっても、前記のとおり、除権決定を得なければ手形債務者の支払を受けることができないためです。なお、以下に、公示催告・除権決定手続の流れを示します。

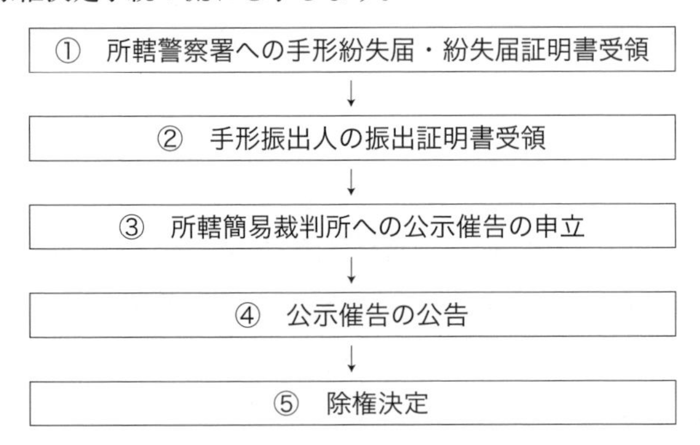

126

●記名式小切手と入金証明

個人Aを名宛人とする記名式小切手が交換呈示されました。小切手の裏書には個人Bという記名捺印があり、余白に「この小切手は名宛人口座に入金されたものであることを証明します」と記載され、これに持出銀行と支店名が表示され押切印が押捺されています。名宛人と裏書人が相違していますが、このまま支払に応じてもよいでしょうか。また、記名式小切手の店頭支払に際しての注意点はどのようなものですか。

A

126

入金証明がある場合は、支払銀行（ＪＡ）は、原則としてこれを信用して支払うことができますが、持出銀行に一応問合せしたうえで対応するのがよいでしょう。また、店頭払いに際しては、所持人が名宛人であるか否か調査して支払うべきです。また、裏書がある場合は、裏書の連続を必ずチェックして被裏書人が所持人であることを確認します。

解説

1　記名式小切手の店頭払い上の留意点

記名式小切手は、所持人が名宛人であるか否か調査して支払わなければなりません。所持人が一面識もない者の場合は、運転免許証等本人を証明する資料で確認することは最低限必要です。

ただし、裏書がある場合は、裏書の連続を必ずチェックして被裏書人が所持人であることを確認しなければなりません。また、裏書が不連続であれば、裏書不備により小切手金は支払うことができません。

2　記名式小切手の入金証明の効果と裁判例

小切手法には定めはありませんが、手形交換制度において定められている

「入金証明」という制度があります（手形交換所規則施行細則20条）。この入金証明は、金融機関間での慣習として行われてきたものであり、記名式小切手の裏書が不連続であるなどの不備がある場合、そのまま交換呈示すると裏書不備で不渡返還されるので、取立金融機関（持出銀行）が交換持出にあたって「この小切手は名宛人口座に入金されたものであることを証明します」という旨を小切手の裏面に記載し、これに持出銀行と支店名を表示して押切印を押捺するというものです。

この記載があると、持出銀行が、小切手に記載された名宛人（所持人）から当該小切手を受け入れたことと、所持人の取引口座に入金したことを証明しているので、支払銀行（質問の場合のＪＡ）は、たとえ裏書の連続を欠くなど裏書が不備であっても、この証明を信用してそのまま支払うことができ、これによって小切手の流通が保護されることになります。

記名式自己宛横線小切手の振出人兼支払人である支払銀行が、持出銀行の入金証明を信頼して支払ったものの、その入金証明にかかわらず名宛人以外の者（無権利者）の貯金口座に入金されていたため支払銀行に損害が発生した事案があります。この事案において、損害を被った支払銀行は、持出銀行に対して損害賠償を請求できるという裁判例（東京地判昭和35・2・1金融法務事情236号6頁）があります。

3　入金証明がある場合の実務対応

前記のような判例もあることから、入金証明がある小切手だからといって無条件に支払に応じるのではなく、持出銀行に問合せを行い、その聴取内容も踏まえて支払の可否を判断して対応するのがよいでしょう。また、聴取内容は、後日のトラブルに備えて記録にとどめておきます。

なお、持出銀行としては、事故ではないとの確証がない限り入金証明は行うべきではありません。

127

●支払呈示期間経過後の小切手の支払

支払呈示期間経過後でも小切手を支払うことができる理由は何でしょうか。

127

小切手は一覧払であり、先日付小切手がその日付前に支払呈示された場合は呈示日に支払うべきものとされ、支払人であるＪＡ等金融機関は、支払委託の取消がない限り、支払呈示期間経過後であっても支払うことができます。

解説

1 支払呈示期間経過後の小切手の支払の可否

小切手の支払について小切手法は、一覧払であり先日付小切手がその日付前に支払呈示された場合でも呈示日に支払うべきものとしており（小切手法28条）、さらに、小切手の支払人であるＪＡ等金融機関は、支払委託の取消がない限り、支払呈示期間（振出日から10日間）経過後であっても支払うことができると規定しています（同法32条2項）。

2 当座勘定規定に基づく支払

当座勘定規定では、小切手については（支払呈示期間内であるか否かにかかわらず）単に小切手が支払呈示された場合は支払うものと規定しています（同規定ひな型7条1項）。ただし、長期間経過している小切手については、念のため振出人に照会する等して対処するのが好ましい取扱いです。

なお、手形については、支払呈示期間内に支払呈示しなければなりません（手形法38条・77条1項3号）。当座勘定規定でも、手形については、支払呈示期間内に支払呈示された場合に限り支払うものと定めています（同規定ひな型7条1項）。

Q 128

●先日付小切手の取立依頼

当座勘定取引先Ａが、振出人Ｂとなっている小切手を持参しましたが、当該小切手の振出日が先日付となっています。このまま受け入れてもよいでしょうか。

A 128

小切手は一覧払のものとされ、先日付小切手が振出日前に支払呈示された場合でも、支払銀行は、当該支払呈示日に支払わなければならず、このまま受け入れた場合、振出人Ｂが不渡処分を受けるなどのトラブルが発生するおそれがあります。Ａが間違って持参したかも知れないので、本日入金してもよいのか、念のため確認すべきです。

解説

1 先日付小切手を振り出す理由

例えば、資金的に余裕のないＢは、取引金融機関から手形の交付を断られ、手形を振り出せない場合があります。このような場合に、小切手の振出日を手形の満期日に相当する将来の日として振出し、受取人Ａには当該振出日までは支払呈示をしないように了解させて小切手を振り出すことがあり、このような小切手のことを先日付小切手といいます。

2 先日付小切手の取扱い

しかしながら、小切手は一覧払のものとされ、これに反する一切の記載は、記載されなかったものとみなされます（小切手法28条1項）。例えば、小切手に満期として将来の日を記載したとしても、一切無視されます。このような、記載されてもその効力が認められない記載事項のことを、無益的記載事項といいます。また、手形の代替手段として振り出された先日付小切手が当該振出日前に支払呈示された場合、支払人であるＪＡ等金融機関は、当該支払呈示された日に支払うべきものとされています（同条2項）。

3 先日付小切手の振出日前の支払呈示等と対応

例えば、当座取引先Ａが、先日付小切手の振出人Ｂとの約束を失念して振出日前に取立依頼してしまった場合、取立依頼を受けたＪＡが先日付小切手であることに気づかずに、そのまま振出日前に取立手続を行うと、支払銀行は、振出日前の支払呈示であっても支払わなければならず、もしも資金が不足している場合は、不渡返還せざるを得なくなります。

もっとも、支払銀行は、Ｂに対して資金不足となっていることを通知するので、Ａによる手違いであることが判明することがあります。この場合は、Ｂが不渡処分を受けることを回避するために、持出銀行（ＪＡ）の役席者は、Ａの依頼を受けて、支払銀行の役席者に連絡し、依頼返却の手続をとることになります。

しかし、支払銀行からＢへの通知が不在等のためできなかった場合は、Ｂは不渡処分を受けて事実上倒産する事態を招くおそれがあります。このように、Ａの手違いによりＢが不渡処分を受けて事実上倒産するなどの損害を受けた場合、Ａは、Ｂに対して不法行為等による損害賠償責任を負うおそれがあります。

したがって、質問の場合、ＪＡは、小切手の所持人Ａに対し、先日付小切手である旨を伝えるとともに、本日取立手続を行ってもよいのかどうかを確認しなければなりません。もしも、そのまま取り立てるように依頼された場合は、先日付小切手であることを承知のうえで取立を依頼するものであることと、ＪＡには何ら迷惑をかけない旨の念書を徴求したほうがよいでしょう。

Q 129

●線引小切手における取引先の範囲

線引小切手の支払や受入にあたっては、取引先を相手にすべきだということですが、どのような先を取引先というのでしょうか、僚店取引先も含むのでしょうか。

A 129

線引小切手における取引先といえるためには、取引を通じて素性の知れた者という考え方が主流であり、僚店取引先も含まれます。

解説

1 線引小切手受入可能な取引先とは

線引小切手（一般線引小切手）を支払う場合や受け入れる場合は、取引先を対象とする旨が小切手法に定められています（同法38条1項・3項）。

この取引先と認められるためには、ＪＡ等金融機関とある程度の期間取引があって、身元も明らかな者という考え方があり、これが今日の通説といわれる考え方です。

具体的には、当座取引先は、新規取引先であっても信用調査等を通じて身元も明らかとなっているはずですから、取引先と解することができますが、少額の現金で普通貯金口座を開設しても取引先とはいえません。

なお、この場合、犯罪収益移転防止法上の取引時確認を行うことで身元が判明するからよいのではないか、という考え方があるかも知れません。しかしながら、取引時確認のための公的証明書がいとも簡単に偽造され、結果として架空名義口座が開設されるといった事件が後を絶ちません。これに対して、線引小切手における取引先といえるためには、取引を通じて素性の知れた者という考え方が主流ですから、犯罪収益移転防止法に基づく取引時確認よりもより厳格な確認手続が求められると考えておくべきでしょう。

2 取引先の範囲

次に、取引先の範囲について、取扱店の取引先だけでなく、僚店の取引先も含まれるかという問題ですが、今日では、コンピュータシステムの発展などにより、他店の取引でも容易に取引内容が検索できることを考慮して、僚店の取引先も含むと解されています。

Q130 ●線引小切手の裏判の効力

一般線引小切手の裏面に届出印が押印してある場合、一見客に支払ってもよいとのことですが、なぜでしょうか。

A130

当座取引先の利便性確保のために行っている制度ですが、一見客が無権利者であった場合は、支払銀行（ＪＡ）はこの小切手の真の権利者に対し小切手金額を限度として損害賠償責任を負います。したがって、当座取引先に真偽を確認するなど、慎重な取扱いが望ましいものと考えられます。

解説

1 裏判払を行う理由と小切手法上の問題点

（1）裏判払を行う理由

一般線引小切手の支払については、他の金融機関か支払銀行の取引先にしか支払ってはならないとされています（小切手法38条1項）。一見客は取引先ではありませんから、正当な権利者であっても支払えません。

例えば、当座勘定取引先Ａが、その仕入先Ｂに線引小切手で代金を支払った場合、支払銀行とは何ら取引のないＢが支払銀行（ＪＡ）の窓口で現金支払を受けることはできません。しかしながら、Ａは小切手すべてに一般線引を記入してしまっているため、Ｂがどうしても現金支払を受けたいというのであれば、ＡがＢと同行して支払銀行（ＪＡ）の窓口で現金払を受けざるを得ないことになります。そこで、このような不便を解消するべく、線引小切手の裏面に振出人が支払銀行（ＪＡ）に届け出た届出印を押印して、これがあればそのまま一見客Ｂに支払うことができるという取扱いをしています。これを俗に「裏判払」などと称しています。

（2）小切手法上の問題点

この取扱いは小切手法にはなく、支払銀行と当座取引先との当座勘定規定に基づくものですから（同18条1項）、効力も支払銀行と当座取引先との間においてのみ認められます。

また、裏判が押印されているからといって線引の効力が消滅するわけではなく（小切手法37条5項）、小切手法上は線引違反を免れない行為であり、これによって第三者に損害が発生した場合、線引違反者である支払銀行は当該第三者に対して小切手法上の損害賠償責任を負うことになります。

2 受領者が無権利者だった場合と実務対応策

例えば、裏判払をした後、受領者が無権利者であった場合、支払銀行はこの小切手の真の権利者に対し小切手金額を限度として損害賠償責任を負います（小切手法38条5項）。

そこで、この支払銀行（ＪＡ）が負担せざるを得なくなる損害を防止するため、当該損害賠償金を振出人（当座勘定取引先Ａ）に求償できる旨の特約をＪＡと当座勘定取引先Ａの間で締結しています（当座勘定規定ひな型18条2項）。

ただし、この特約も支払銀行の過失によって支払われた場合にまで適用があるかは疑問のあるところです。また、振出人Ａに求償できるといっても、振出人Ａが破綻した場合など事実上求償できないケースもあり得ます。

したがって、この制度により一見客Ｂに支払う場合は、そのつど、当座勘定取引先Ａに真偽を確認するなど、慎重な取扱いが望ましいものと考えられます。

Q 131

●複数の線引がなされている小切手の効力

線引が複数ある小切手は、どのように扱うべきでしょうか。

A 131

線引が複数ある小切手は、取立依頼を受けないようにすべきです。

解説

小切手法は、線引が複数ある場合については、原則としてその小切手は無効としています。ただし、例外的に、２本の線引のうち１本が手形交換所に取立に出すためのものであるときは、この交換取立用の線引は除外して考えればよいので有効だとしています（小切手法38条４項）。しかし、交換取立用の線引ではなく通常の線引が複数あるときは無効です。

また、複数ある線引を抹消して１本にしても、この抹消自体が認められませんから同じく無効です（同法37条５項）。

したがって、線引が複数ある小切手は、取立依頼を受けないようにすべきです。

Q 132

●当座小切手と自己宛小切手との違い

当座勘定取引先Ａの依頼により自己宛小切手を発行しましたが、Ａが当座小切手を振り出した場合とではＪＡの立場はどのように違うのでしょうか。

A 132

当座小切手の場合、ＪＡは、当座勘定取引先Ａとの支払委託関係に基づく支払人であり、Ａが振り出した小切手の支払事務を、善良なる管理者としての注意をもって適切に行う義務をＡに対して負担しています。

これに対し、自己宛小切手の場合は、ＪＡ自身が振出人かつ支払人となり、自己宛小切手発行の法律関係については、発行依頼人Ａと振出人であるＪＡとの間の自己宛小切手の単なる売買と解されています。

解説

1　当座小切手と金融機関の立場

（1）当座小切手の法律関係

当座小切手は、当座勘定取引先が小切手を振り出し、支払銀行（ＪＡ）は当座勘定取引先との支払委託契約に基づいて、その小切手が支払呈示されれば支払うという関係から生ずる小切手です。この場合、支払銀行（ＪＡ）は、振出人が振り出した小切手の支払事務を、善良なる管理者としての注意をもって適切に行う義務を取引先に対して負担しています。

（2）当座小切手を紛失した場合

当座小切手を紛失した場合、紛失した所持人と振出人が連名で紛失届を支払銀行（ＪＡ）に提出すれば、この紛失届は紛失小切手の支払委託取消の効力があります。そこで、支払銀行（ＪＡ）は、当該小切手が支払呈示されれば、紛失を理由に支払を拒絶するように振出人から要請されているわけですから、不渡返還しなければならないことになります。

2 自己宛小切手（預手）とＪＡ等金融機関の立場

（1）自己宛小切手（預手）の法律関係

一方、自己宛小切手（預手）の場合は、ＪＡ等金融機関が小切手の振出人かつ支払人となり、自己宛小切手発行の法律関係については、発行依頼人と振出人である金融機関間の小切手の売買と解されています。当座小切手との立場の違いがはっきりするのは、所持人が小切手を紛失したときです。

（2）自己宛小切手（預手）を紛失した場合

自己宛小切手（預手）の場合、発行依頼人と振出人であるＪＡ等金融機関との間には支払委託の関係は存在しないため、発行依頼人から紛失届が提出されても、支払委託取消の効力が認められません。

ＪＡ等金融機関自らが振出人でありかつ支払人ですから、支払うか支払拒絶するかどうかについては、ＪＡ等金融機関の判断によることになり、紛失届が提出されたとしても紛失を理由とする不渡返還を強制されるわけではありません。紛失届は、「支払の慎重を期すべく注意を喚起した単なる警告的なもの」（東京高判昭和42・8・30金融・商事判例73号12頁）にすぎません。

例えば、自己宛小切手の所持人が善意取得者の場合は、ＪＡ等金融機関が支払人の立場で不渡返還したとしても、善意取得者からＪＡ等金融機関に対して振出人としての遡求義務を履行するよう求められることになります。

したがって、このような場合は、原則として、支払に応じることになります（小切手法21条）。

3 自己宛小切手（預手）の紛失届と実務上の留意点

ただし、紛失届が提出された以上、その自己宛小切手が第三者から支払呈示されると、慎重な対応が求められ、所持人が明らかに無権利者であり、また諸般の事情に照らしてこれを疑うべき十分な理由があったにもかかわらず、漫然と支払に応じた場合は、重過失責任を免れず善意弁済の保護も受けることができなくなるので留意すべきです（前掲東京高判昭和42・8・30）。

前掲東京高裁昭和42年8月30日判決の事案の概要は、自己宛小切手の発行依頼人Ａから譲渡を受け所持人となったＢが、当該小切手を何者かに盗取されたため、発行依頼人との連名で振出人である金融機関Ｘに盗難届を提出したが、同小切手は盗取者Ｃから呈示期間経過後にＤに譲渡され、さらに事情を知らないで所持人となったＥからＸに支払呈示されたというものです。

ところが、Ｘは、このような事実関係を把握できたにもかかわらず、自己宛小切手は呈示期間経過後も無条件に支払っている商慣習にしたがって、所持人Ｅに対する支払に応じたため、被害者Ｂから訴訟を提起されたものです。小切手を支払呈示期間経過後に取得しても善意取得は認められないため、Ｅは明らかに無権利者であるにもかかわらず、漫然と支払に応じたＸには重大な過失があるとして、Ｂに対する支払責任を負うものとされました。

《著者紹介》
高橋 恒夫（たかはし つねお）
1972 年関西学院大学法学部卒業。同年大阪銀行（現関西みらい銀行）入行。審査部管理課長、審査課長、東京支店次長・副支店長等を歴任。1997 年より経済法令研究会顧問。

主要著作
『新版トラブル防止のための融資法務Q&A』、『新版トラブル防止のための預金法務Q＆A』、『営業店の融資管理の実務』、『金融取引別高齢者トラブル対策Q＆A』（共著）（以上、経済法令研究会）ほか書籍執筆多数。
定期刊行誌「銀行法務 21」「ＪＡ金融法務」に金融法務関連の連載、ほか執筆多数。

新３版　店頭ミス防止のための　ＪＡ貯金法務Ｑ＆Ａ

2019 年 6 月 15 日　初版第 1 刷発行

著　者　髙 橋 恒 夫
発行者　金 子 幸 司
発行所　㈱経済法令研究会
〒 162-8421　東京都新宿区市谷本村町 3-21
電話 代表 03（3267）4811 制作 03（3267）4823
https://www.khk.co.jp/

営業所／東京 03（3267）4812　大阪 06（6261）2911　名古屋 052（332）3511　福岡 092（411）0805

カバーデザイン／清水裕久（Pesco Paint）
制作／西牟田隼人　印刷／あづま堂印刷㈱　製本／㈱ブックアート

ISBN978-4-7668-2434-6